Fonctions de r

Fonction carr

$f : x \mapsto x^2$, définie s

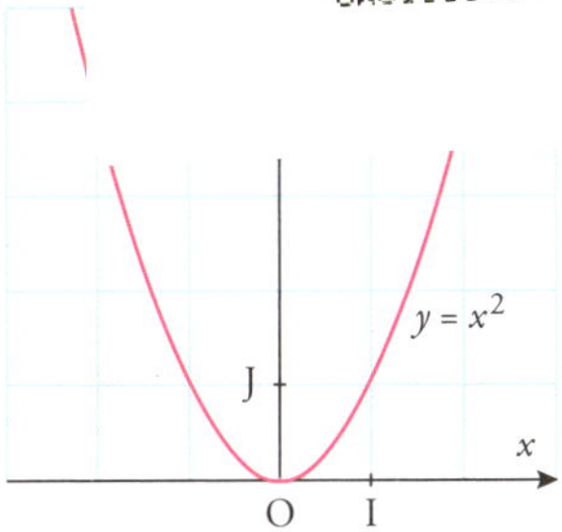

Variations de f

x	$-\infty$	0	$+\infty$
x^2	↘	0	↗

Signe de f

x	$-\infty$	0	$+\infty$
x^2	$+$	0	$+$

Fonction inverse

$f : x \mapsto \dfrac{1}{x}$, définie sur $\mathbb{R}^* =]-\infty\,;0[\cup]0\,;+\infty[$.

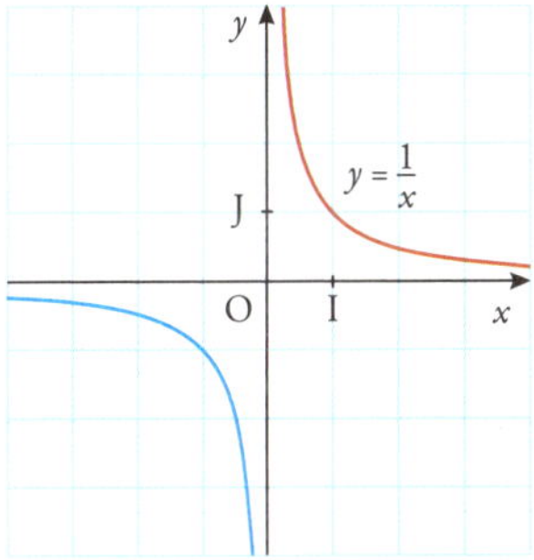

Variations de f

x	$-\infty$	0	$+\infty$
$\dfrac{1}{x}$	↘	‖	↘

Signe de f

x	$-\infty$	0	$+\infty$
$\dfrac{1}{x}$	$-$	‖	$+$

Fonctions de référence

Fonctions affines

$f : x \mapsto ax + b$, définie sur $\mathbb{R}$ avec a et b réels.

- $a > 0$

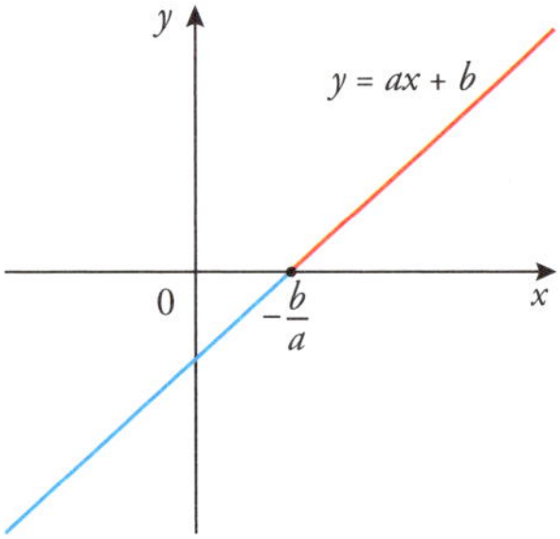

Variations de f

x	$-\infty$		$+\infty$
$f(x)$		↗	

Signe de f

x	$-\infty$		$-\frac{b}{a}$		$+\infty$
$f(x)$		$-$	0	$+$	

- $a < 0$

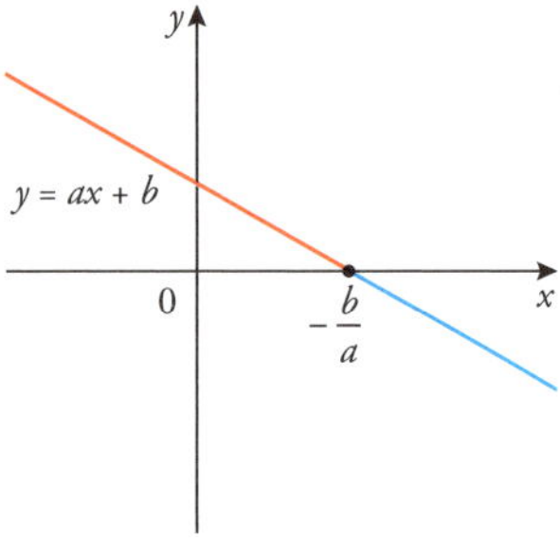

Variations de f

x	$-\infty$		$+\infty$
$f(x)$		↘	

Signe de f

x	$-\infty$		$-\frac{b}{a}$		$+\infty$
$f(x)$		$+$	0	$-$	

FICHES BAC

2de

NOUVEAU BAC

Maths

Hervé Kazmierczak

Professeur agrégé de mathématiques
Lycée J.-B. Corot (Douai)

Christophe Roland

Docteur en mathématiques appliquées
Professeur certifié de mathématiques
Lycée Paul-Duez (Cambrai)

Hatier

SOMMAIRE

Quand vous avez révisé une fiche, cochez la case ❐ correspondante !

Algorithmique et programmation

Algorithmique et programmation

Nombres et calculs

Ensemble de nombres

Calcul littéral

Fonctions

Généralités sur les fonctions

Variations et extremums

Fonctions de référence

Géométrie

Vecteurs et repérage

Droites

Statistiques et probabilités

Statistiques et information chiffrée

Probabilités

DÉPLIANT

Mémo visuel

Maquette de principe : Frédéric Jély
Mise en pages : STDI
Schémas : STDI
Édition : Catherine Rollet

PAPIER À BASE DE FIBRES CERTIFIÉES

Hatier s'engage pour l'environnement en réduisant l'empreinte carbone de ses livres. Celle de cet exemplaire est de : 550 g éq. CO_2
Rendez-vous sur www.hatier-durable.fr

ISBN 978-2-218401-05267-3

Gérer les variables dans un algorithme

1

☐ OK

I Algorithmes et variables

- Un **algorithme** est une succession finie d'instructions élémentaires effectuées sur des données, que l'on effectue dans un ordre déterminé. On y utilise des **variables** pour stocker les résultats des opérations.

Exemple : On choisit un nombre x et on considère l'algorithme ci-contre.

$x \leftarrow 2x$
$x \leftarrow x + 5$

La variable est ici le nombre x.
La flèche dans l'instruction « $x \leftarrow 2x$ » est une **affectation** ;
elle signifie que x **prend la valeur** $2x$.
Pour $x = 3$, cet algorithme calcule dans un premier temps la valeur $2x = 2 \times 3 = 6$ et remplace la précédente valeur 3 qui était affectée à x par cette valeur 6. Ensuite, le calcul $x + 5 = 6 + 5 = 11$ est effectué et la nouvelle valeur 11 remplace la valeur 6 qui était précédemment affectée à x. Ainsi, la valeur de x à l'issue de l'exécution de l'algorithme est 11.

De manière générale, pour tout nombre x initialement choisi, celui-ci sera remplacé dans un premier temps par $2x$, qui sera lui-même remplacé par $2x + 5$. Le résultat final à l'issue de l'exécution de cet algorithme sera donc $2x + 5$. Nous constatons que cet algorithme est associé à la fonction affine f qui, à tout nombre x, associe le nombre $f(x) = 2x + 5$.

II Traduction en Python d'un algorithme

- Python est un **langage de programmation** qui permet de traduire, *via* des plates-formes informatiques, les algorithmes que l'on peut rencontrer et d'effectuer les opérations qu'ils contiennent.
- Les variables utilisées sont identifiées par leur type (int pour entier, float pour flottant, string pour les chaînes de caractères, bool si la variable ne prend que les valeurs « vrai » ou « faux »).

Exemple : Un programme en Python associé à l'algorithme de la partie I pourrait être le suivant :

```
x=float(input("Quelle est la valeur de x choisie ?"))
x=2*x
x=x+5
print("La valeur finale obtenue est ",x,".")
```

Méthodes

1 Écrire un algorithme et un programme Python

On donne les nombres a et b. Écrire un algorithme et le programme Python associé pour obtenir le double du carré de leur somme et la somme des carrés de leurs doubles.

Conseils
Traduisez les phrases données par les formules associées.

SOLUTION

Le double du carré de la somme est $D = 2(a + b)^2$.
La somme des carrés des doubles est $S = (2a)^2 + (2b)^2$.

Algorithme en langage naturel

$D \leftarrow 2(a + b)^2$
$S \leftarrow (2a)^2 + (2b)^2$

Programme Python

```
a=float(input("a= ?"))
b=float(input("b= ?"))
D=2*(a+b)**2
S=(2*a)**2+(2*b)**2
print("D=",D,"S=",S)
```

2 Dérouler des algorithmes

On considère les deux algorithmes ci-contre où a, b, c, p et x sont des nombres.

Algorithme 1

$a \leftarrow 2x + 3$
$b \leftarrow x - 5$
$p \leftarrow a \times b$

Algorithme 2

$a \leftarrow 2x - 7$
$c \leftarrow a \times x - 15$

1. Dérouler chacun des algorithmes pour $x = -2$, puis pour $x = 5$.

2. Quelle conjecture peut-on émettre ? La valider ou la corriger.

Conseils
Validez la conjecture en faisant les calculs avec la variable x.

SOLUTION

1. *Algorithme 1* : Pour $x = -2$, on a
$a = 2x + 3 = -1$; $b = x - 5 = -7$ et $p = a \times b = 7$.
Pour $x = 5$, on a $a = 2x + 3 = 13$; $b = x - 5 = 0$ et $p = a \times b = 0$.
Algorithme 2 : Pour $x = -2$, on a $a = 2x - 7 = -11$;
$c = a \times x - 15 = 7$.
Pour $x = 5$, on a $a = 2x - 7 = 3$; $c = a \times x - 15 = 0$.

2. On peut conjecturer que $p = c$. Validation de la conjecture :
$p = a \times b = (2x + 3)(x - 5) = 2x^2 - 10x + 3x - 15 = 2x^2 - 7x - 15$.
$b = a \times x - 15 = (2x - 7) \times x - 15 = 2x^2 - 7x - 15$.
On a bien $p = c$. La conjecture est ainsi validée.

Utiliser une boucle, une instruction conditionnelle

2

OK

Méthodes

1 Utiliser l'instruction conditionnelle si... alors... sinon...

Pour assister à une séance de cinéma, la place est à 7,50 €. Pour des groupes à partir de quatre personnes, le prix de la place s'élève à 5 € par personne. Écrire un algorithme et le programme Python associé qui affiche le prix P à payer pour l'achat des places pour N personne(s).

Conseils

Pensez à utiliser les mots du langage courant : Si... alors... sinon...

SOLUTION

- Si le nombre N de personnes est compris entre 1 et 3, alors le tarif est de 7,50 € par personne ; donc le prix total P est égal à $7{,}5 \times N$ €.
- Sinon ($N \geqslant 4$), le prix par personne est de 5 € ; donc le prix total P est égal à $5 \times N$ €.

Algorithme

Si $1 \leqslant N \leqslant 3$
  Alors $P \leftarrow 7{,}5N$
  Sinon $P \leftarrow 5N$
FinSi

Programme Python

```
N=int(input("Quel est le nombre de personne(s) ?"))
if 1<=N<=3:
    P=7.5*N
else:
    P=5*N
print("Le prix à payer est de",P,"€.")
```

2 Utiliser la boucle bornée Pour

La fonction f est définie pour tout nombre x par $f(x) = 2x^2 - 3x + 5$. Dérouler l'algorithme ci-contre puis préciser son rôle, sachant que k est un entier naturel.

Pour k allant de 0 à 5
  Afficher $f(k)$
FinPour

Conseils

Remplacez x par les entiers allant de 0 à 5 dans l'expression de $f(x)$.

SOLUTION

Pour $k = 0$, l'algorithme calcule $f(k) = f(0)$ et l'affiche. Une fois cette opération effectuée, la variable k prend la valeur 1. Pour $k = 1$, l'algorithme calcule $f(k) = f(1)$ et l'affiche, etc. On obtient alors :

k	$f(k)$
0	$2\times 0^2 - 3\times 0 + 5 = 5$
1	$2\times 1^2 - 3\times 1 + 5 = 4$
2	$2\times 2^2 - 3\times 2 + 5 = 7$

k	$f(k)$
3	$2\times 3^2 - 3\times 3 + 5 = 14$
4	$2\times 4^2 - 3\times 4 + 5 = 25$
5	$2\times 5^2 - 3\times 5 + 5 = 40$

Cet algorithme permet donc d'obtenir un tableau de valeurs de la fonction f pour les entiers allant de 0 à 5.

3 Utiliser la boucle non bornée Tant que

Axel souhaite réaliser une tour avec des plaquettes en bois de 6 mm d'épaisseur. Il les empile dans le sens de l'épaisseur et en place quatre en carré par étage. Proposer un algorithme et un programme Python affichant le nombre minimum de plaquettes qu'Axel doit posséder pour construire une tour de hauteur H donnée (H en cm et $H > 0$).

Conseils

Pensez à utiliser les mots du langage courant : Tant que…

SOLUTION

Chaque étage de la tour aura une épaisseur de 6 mm, soit 0,6 cm.
Si E désigne le nombre d'étages construits, tant que la hauteur donnée n'est pas atteinte ou dépassée ($0{,}6 \times E < H$), il faut continuer à empiler les plaquettes et donc construire l'étage suivant : E prend alors la valeur $E + 1$.
Dès que la hauteur H est atteinte ou dépassée ($0{,}6 \times E \geqslant H$), on affiche le nombre de plaquettes qu'Axel doit posséder pour construire une telle tour : $4 \times E$ (quatre plaquettes par étage).

Algorithme

```
E ← 0
Tant que 0,6 × E < H
  E ← E + 1
FinTantque
```

Programme Python

```python
H=float(input("Quelle est la hauteur souhaitée (en cm) ?"))
E=0
while 0.6*E<H:
    E=E+1
print("Il faut un minimum de",4*E,"plaquettes.")
```

Exploiter la notion de fonction

3

☐ OK

I Notion de fonction en Python

- En programmation, une fonction désigne une partie de code ou bloc d'instructions permettant d'effectuer des opérations que l'on peut répéter.
- Il faut éventuellement fournir une ou plusieurs informations à la fonction : ce sont les arguments ou paramètres de la fonction.
- La fonction renvoie finalement des informations appelées résultat.

II La construction d'une fonction

Pour construire une fonction, il faut :

1. Indiquer le nom de la fonction et préciser entre parenthèses les éventuels arguments utiles au fonctionnement de la fonction.
2. Énumérer les opérations à effectuer sur les arguments.
3. Utiliser l'expression « Renvoyer » (ou équivalent) pour disposer du résultat finalement délivré par la fonction.

Exemples :

- On considère deux nombres réels a et b.

La fonction Produit utilise deux arguments (les nombres a et b) et renvoie leur produit.

Algorithme

```
Fonction Produit(a,b)
  P ← a × b
  Renvoyer P
```

Fonction en Python

```
def Produit(a,b) :
    p=a*b
    return(p)
```

- La fonction Facture utilise deux arguments entiers A (adultes) et E (enfants) pour calculer, pour des groupes, le montant à payer pour accéder à un site archéologique, sachant qu'un adulte paye 7 € et un enfant 4,20 €.

```
def Facture(A,B) :
    p=7*A+4.2*B
    return(p)
```

Méthodes

1 Construire une fonction

Un article coûte P euro(s). Construire une fonction Prixreduit en Python, renvoyant le prix en euro après une réduction de t %.

Conseils

Déterminez, en fonction de P et de t, le montant de la remise accordée.

SOLUTION

Le prix initial étant P (en euro), le montant de la remise, pour une réduction de t %, est $\frac{t}{100} \times P$. Le prix après réduction sera donc $P - \frac{t}{100} \times P$ (en euro).

En Python, le prix P et le pourcentage de réduction t sont les arguments de la fonction.

Algorithme

Fonction Prixreduit(P,t)
$P \leftarrow P - \frac{t}{100} \times P$
Renvoyer P

Programme Python

```
def Prixreduit(P,t):
    P=P-t/100*P
    return(P)
```

2 Exploiter une fonction

On réalise sur un article de prix initial P (en euro) deux réductions successives de 40 % et 10 % respectivement. Proposer une fonction Prixfinal en langage naturel et en Python qui permettent d'obtenir le prix à payer à l'issue des deux réductions indiquées, si l'on fournit le prix initial P.

Conseils

Exploitez la fonction Prixreduit de la méthode précédente.

SOLUTION

La variable P prend successivement trois valeurs : le prix initial, le prix après la remise de 40 % et le prix après les deux remises.

Algorithme

Fonction Prixfinal(P)
$P \leftarrow$ Prixreduit(P,40)
$P \leftarrow$ Prixreduit(P,10)
Renvoyer P

Programme Python

```
def Prixfinal(P):
    P=Prixreduit(P,40)
    P=Prixreduit(P,10)
    return(P)
```

Quiz EXPRESS

Avez-vous bien révisé les fiches 1 à 3 ? On vérifie !

Algorithmique et programmation

1 Gestion des variables

▶ FICHE 1

Dans l'algorithme ci-contre, si la variable x prend initialement la valeur 1, alors le contenu final de la variable x est :

$x \leftarrow 3x - 7$
$x \leftarrow 2x^2$
$x \leftarrow x + 5$

☐ **a.** – 27 ☐ **b.** 37 ☐ **c.** 197

2 Instruction conditionnelle

▶ FICHE 2

À la fin de l'exécution de l'algorithme ci-contre, le contenu de la variable y est 674. Le contenu de la variable x est alors :

Si $x \leqslant 100$
  Alors $y \leftarrow 6x + 50$
  Sinon $y \leftarrow 5{,}4x - 406$
FinSi

☐ **a.** 94 ☐ **b.** 170 ☐ **c.** 200

3 Boucle bornée

▶ FICHE 2

Dans le programme Python ci-contre, on choisit la valeur 5 pour la variable N.

```
N=int(input("Quelle est la valeur de N ?"))
S=0
for i in range (N+1):
    S=S+2*i+1
print("La valeur de S est ",S,".")
```

Le contenu de la variable S à l'issue de l'exécution du programme est :

☐ **a.** 11 ☐ **b.** 15 ☐ **c.** 36

4 Rôle d'une fonction

▶ FICHE 3

La fonction Calc ci-contre permet de renvoyer :

```
def Calc(a,b):
    R=1/4*((a+b)**2-(a-b)**2)
    return(R)
```

☐ **a.** $\frac{a^2}{2}$ ☐ **b.** ab ☐ **c.** $\frac{b^2}{2}$

CORRIGÉS

1 Gestion des variables

Réponse b.

Les valeurs successives de x sont :

$x = 1$;

$x = 3 \times 1 - 7 = -4$;

$x = 2 \times (-4)^2 = 2 \times 16 = 32$;

$x = 32 + 5 = 37$.

2 Instruction conditionnelle

Réponse c.

Si $x = 94$ (cas $x \leqslant 100$),
alors $y = 6x + 50 = 6 \times 94 + 50 = 614 \neq 674$.

Si $x = 170$ (cas $x > 100$),
alors $y = 5{,}4x - 406 = 5{,}4 \times 170 - 406 = 512 \neq 674$.

Si $x = 200$ (cas $x > 100$),
alors $y = 5{,}4x - 406 = 5{,}4 \times 200 - 406 = 674$.

3 Boucle bornée

Réponse c.

i	S
0	$0 + (2 \times 0 + 1) = 1$
1	$1 + (2 \times 1 + 1) = 4$
2	$4 + (2 \times 2 + 1) = 9$

i	S
3	$9 + (2 \times 3 + 1) = 16$
4	$16 + (2 \times 4 + 1) = 25$
5	$25 + (2 \times 5 + 1) = 36$

4 Rôle d'une fonction

Réponse b.

$$\frac{1}{4}\left[(a+b)^2 - (a-b)^2\right] = \frac{1}{4}\left[(a^2 + 2ab + b^2) - (a^2 - 2ab + b^2)\right]$$

$$= \frac{1}{4}\left[a^2 + 2ab + b^2 - a^2 + 2ab - b^2\right]$$

$$= \frac{1}{4} \times 4ab = ab.$$

Utiliser les notions de multiple et de diviseur

5

☐ OK

I Ensemble des entiers naturels, des entiers relatifs

- Les nombres entiers qui servent à « compter » des collections d'objets constituent l'**ensemble des entiers naturels** noté $\mathbb{N}$:
$\mathbb{N} = \{0 ; 1 ; 2 ; 3 ; ...\}$.

- L'**ensemble $\mathbb{Z}$ des entiers relatifs** est constitué des nombres entiers positifs et négatifs : $\mathbb{Z} = \{... ; -3 ; -2 ; -1 ; 0 ; 1 ; 2 ; 3 ; ...\}$.

- Les ensembles $\mathbb{N}$ et $\mathbb{Z}$ privés de zéro sont notés respectivement $\mathbb{N}^*$ ou $\mathbb{N} - \{0\}$, et $\mathbb{Z}^*$ ou $\mathbb{Z} - \{0\}$.

Exemple : $-20 \in \mathbb{Z}$ (« -20 appartient à $\mathbb{Z}$ ») mais $-20 \notin \mathbb{N}$ (« -20 n'appartient pas à $\mathbb{N}$ »).

Remarque : Tout élément de $\mathbb{N}$ est aussi un élément de $\mathbb{Z}$. L'ensemble $\mathbb{N}$ est une partie de l'ensemble $\mathbb{Z}$: $\mathbb{N} \subset \mathbb{Z}$ (« $\mathbb{N}$ est inclus dans $\mathbb{Z}$ »).

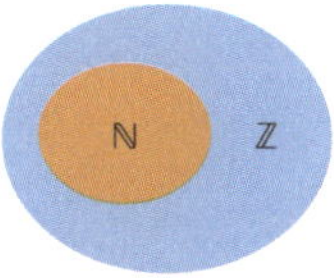

II Notion de multiple et diviseur

- Soient $a \in \mathbb{Z}$ et $b \in \mathbb{Z}$ (on peut noter aussi $(a ; b) \in \mathbb{Z}^2$).

On dit que **a divise b** s'il existe $c \in \mathbb{Z}$ tel que $b = a \times c$.

On dit alors que a est un **diviseur** de b ou que b est un **multiple** de a.

Exemple : 7 divise -91 puisque $-91 = 7 \times (-13)$ et $-13 \in \mathbb{Z}$.
7 est un diviseur de -91 et -91 est un multiple de 7.

Remarques :

- Tout entier relatif a divise 0 puisque $0 = 0 \times a$ et $0 \in \mathbb{Z}$.
- Dire que 0 divise l'entier relatif b équivaut à dire que $b = 0$.

- Un entier relatif n est **pair** si 2 divise n, est **impair** si 2 divise $n + 1$.

- Un entier naturel p est **premier** si p admet exactement deux diviseurs distincts dans $\mathbb{N}$ qui sont 1 et p.

Exemple : L'unique décomposition de 37 dans $\mathbb{N}$ est $37 = 37 \times 1$.
37 et 1 sont ainsi les deux seuls diviseurs distincts de 37 : 37 est donc un nombre premier.

Méthodes

1 Écrire une fraction sous forme irréductible

Écrire la fraction $\frac{351}{585}$ sous forme irréductible (c'est-à-dire sous une forme qu'on ne peut plus simplifier).

Conseils

Effectuez les divisions de 351 et 585 par les nombres premiers successifs (2, 3, 5, 7...), ceci autant de fois que possible afin d'obtenir les décompositions de 351 puis 585 en produit de facteurs premiers.

SOLUTION

$351 = 3 \times 117$ $117 = 3 \times 39$ $39 = 3 \times 13$ $351 = 3^3 \times 13$	351 117 39 13 1	3 3 3 13

$585 = 3 \times 195$ $195 = 3 \times 65$ $65 = 5 \times 13$ $585 = 3^2 \times 5 \times 13$	585 195 65 13 1	3 3 5 13

Finalement : $\frac{351}{585} = \frac{3^3 \times 13}{3^2 \times 5 \times 13} = \frac{3}{5}$.

2 Résoudre des problèmes avec multiples et diviseurs

1. Soient a, b, m, n quatre entiers relatifs. Démontrer que tout diviseur d de a et b divise $ma + nb$.

2. Démontrer que, pour tout entier relatif p, les nombres $2p + 6$ et $4p + 11$ n'ont pas de diviseur premier commun.

Conseils

2. Démontrez, en utilisant le résultat de la question 1., que le seul diviseur commun de $2n + 6$ et $4n + 11$ est 1 et notez que 1 n'est pas premier.

SOLUTION

1. d divise a, donc il existe $k \in \mathbb{Z}$ tel que $a = d \times k$. d divise b, donc il existe $l \in \mathbb{Z}$ tel que $b = d \times l$.
Ainsi $ma + nb = m \times (d \times k) + n \times (d \times l) = d(mk + nl)$.
Puisque $mk + nl \in \mathbb{Z}$, d divise $ma + nb$.

2. Supposons que d soit un diviseur de $2p + 6$ et $4p + 11$. Alors, en prenant $a = 2p + 6$; $b = 4p + 11$; $m = 2$ et $n = -1$, comme dans la question précédente, d divise $ma + nb$. Ainsi d divise
$2(2p + 6) - (4p + 11) = 4p + 12 - 4p - 11 = 1$ et $d = 1$. Par conséquent, $2p + 6$ et $4p + 11$ n'ont pas de diviseur premier commun.

Découvrir certains ensembles de nombres

6

☐ OK

I Ensemble des nombres réels

L'**ensemble des nombres réels**, noté $\mathbb{R}$, est l'ensemble des abscisses des points d'une droite munie d'un repère (O, I) appelée **droite numérique**. Les nombres réels 0 et 1 sont respectivement les abscisses des points O et I.

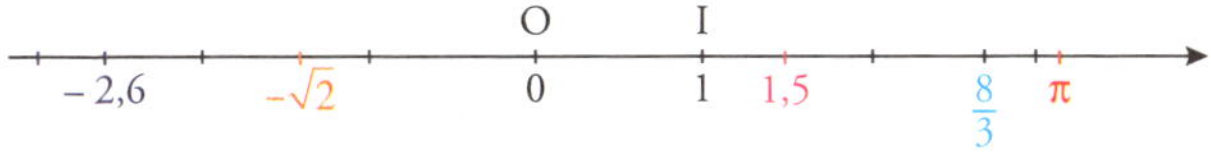

Exemple : – 2,6 est un nombre réel ; on écrit $-2{,}6 \in \mathbb{R}$.

II Ensemble des nombres rationnels

Un **nombre rationnel** est un nombre pouvant s'écrire sous la forme $\frac{p}{q}$ où $p \in \mathbb{Z}$ et $q \in \mathbb{N}^*$. **L'ensemble des nombres rationnels** est noté $\mathbb{Q}$.

Exemple : $-\frac{7}{3} = \frac{p}{q}$ où $p = -7 \in \mathbb{Z}$ et $q = 3 \in \mathbb{N}^*$ donc $-\frac{7}{3} \in \mathbb{Q}$.

À noter !

On peut démontrer et on admettra ici que $\sqrt{2}$ et π ne sont pas des nombres rationnels : ce sont des nombres irrationnels.

III Ensemble des nombres décimaux

- Un **nombre décimal** est un nombre pouvant s'écrire sous la forme $\frac{p}{10^n}$ où $p \in \mathbb{Z}$ et $n \in \mathbb{N}$. L'**ensemble des nombres décimaux** est noté $\mathbb{D}$.

Exemple : $2{,}019 = \frac{2019}{10^3}$ donc $2{,}019 \in \mathbb{D}$; $\frac{1}{3} \in \mathbb{Q}$ mais $\frac{1}{3} \notin \mathbb{D}$ (admis ici).

- L'**encadrement décimal d'un nombre réel r à 10^{-n} près** est l'encadrement de r par deux nombres décimaux consécutifs qui ont exactement n chiffres après la virgule.

Exemple : Puisque $\sqrt{2} \approx 1{,}414213562\ldots$, l'encadrement décimal de $\sqrt{2}$ à 10^{-3} près est $1{,}414 < \sqrt{2} < 1{,}415$.

- On a les inclusions $\mathbb{N} \subset \mathbb{Z} \subset \mathbb{D} \subset \mathbb{Q} \subset \mathbb{R}$. ▶ DÉPLIANT P. III

Méthodes

1 Déterminer la nature d'un nombre

Déterminer la nature des nombres $a = -\dfrac{17}{4}$; $b = 3\sqrt{49}$ et $c = -1{,}25 \times 10^2$.

Conseils

Identifiez le plus petit ensemble contenant les nombres indiqués.

SOLUTION

$a = -\dfrac{17}{4} = -\dfrac{17 \times 25}{4 \times 25} = -\dfrac{425}{10^2} \in \mathbb{D}$; $b = 3\sqrt{49} = 3 \times 7 = 21 \in \mathbb{N}$;

$c = -1{,}25 \times 10^2 = -1{,}25 \times 100 = -125 \in \mathbb{Z}$.

2 Arrondir dans le cadre de la résolution de problèmes

Un dépôt dispose d'une boule de stockage de butane dont le rayon est $R = 6$ m.

Quel est le volume $\mathcal{V}$ de cette boule, arrondi au dm^3 ?

Conseils

Le volume $\mathcal{V}$ d'une boule de rayon R est $\mathcal{V} = \dfrac{4}{3}\pi R^3$.

SOLUTION

Le volume $\mathcal{V}$ de la boule est $\mathcal{V} = \dfrac{4}{3}\pi \times 6^3 \approx 904{,}77868\ldots$

Sachant que 1 dm^3 = 0,001 m^3, on obtient, en arrondissant au dm^3, soit à trois chiffres après la virgule, que $\mathcal{V} \approx 904{,}779$ m^3.

3 Donner l'encadrement décimal d'un réel à 10^{-n} près

Un aspic au saumon est vendu dans un cône de révolution en plastique dont le cercle de base a pour rayon $R = 3$ cm et dont la hauteur est $h = 6$ cm.
Donner l'encadrement décimal à 10^{-1} près du volume $\mathcal{V}$ de cet entremet (en cm^3).

Conseils

Le volume $\mathcal{V}$ du cône indiqué est $\mathcal{V} = \dfrac{1}{3}\pi R^2 h$.

SOLUTION

Le volume de l'aspic est $\mathcal{V} = \dfrac{1}{3}\pi R^2 h = \dfrac{1}{3} \times \pi \times 3^2 \times 6 = 18\pi$.

Puisque $18\pi = 56{,}548\ldots$, l'encadrement recherché est
$56{,}5 \text{ cm}^3 < \mathcal{V} < 56{,}6 \text{ cm}^3$.

Découvrir et utiliser la notion d'intervalle

7

☐ OK

I Notions d'intervalles

Soient deux nombres réels a et b avec $a < b$. Les huit ensembles de nombres dont les éléments x vérifient respectivement les inégalités ci-dessous sont appelés des **intervalles**.

Ensemble	Dénomination	Notation
$a \leqslant x \leqslant b$	intervalle fermé a, b	$[a\,;b]$
$a < x \leqslant b$	intervalle ouvert en a, fermé en b	$]a\,;b]$
$a \leqslant x < b$	intervalle fermé en a, ouvert en b	$[a\,;b[$
$a < x < b$	intervalle ouvert a, b	$]a\,;b[$
$x \leqslant a$	intervalle fermé moins l'infini, a	$]-\infty\,;a]$
$x < a$	intervalle ouvert moins l'infini, a	$]-\infty\,;a[$
$b \leqslant x$	intervalle fermé b, plus l'infini	$[b\,;+\infty[$
$b < x$	intervalle ouvert b, plus l'infini	$]b\,;+\infty[$

Remarque : $-\infty$ et $+\infty$ ne sont pas des nombres, ce sont des symboles.

Les éléments figurant entre les crochets dans les intervalles sont les **bornes de l'intervalle**. L'ensemble des nombres réels $\mathbb{R}$ est noté $]-\infty\,;+\infty[$.

II Valeur absolue et distance

- Soit une droite graduée munie d'un repère (O, I).

Pour tout nombre réel x, la **valeur absolue de x**, notée $|x|$, est la distance du point M d'abscisse x à l'origine O d'abscisse 0.

Si $x \geqslant 0$, alors $|x| = x$.

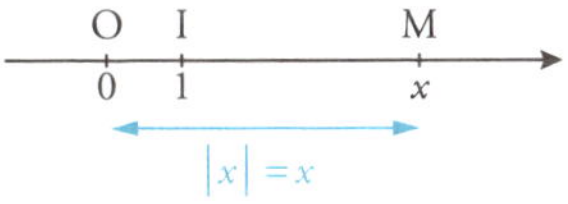

Si $x \leqslant 0$, alors $|x| = -x$.

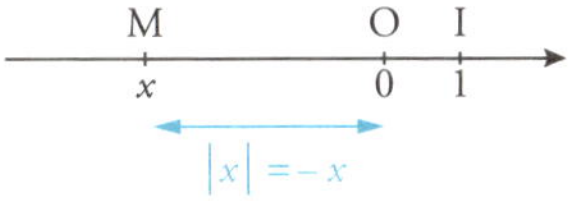

- Soient $x \in \mathbb{R}$, $a \in \mathbb{R}$. La **distance entre les nombres réels x et a** est le nombre réel $|x - a|$. Soit $r \in [0\,;+\infty[$. Écrire $x \in [a - r\,;a + r]$ signifie que la distance entre x et a est inférieure ou égale à r.

On note $x \in [a - r\,;a + r] \underbrace{\Leftrightarrow}_{\text{équivaut à}} |x - a| \leqslant r$.

Méthodes

1 Déterminer une intersection ou réunion d'intervalles

I et J étant deux intervalles de $\mathbb{R}$, leur intersection, notée $I \cap J$, est l'ensemble des réels qui sont à la fois dans I et dans J. Leur réunion, notée $I \cup J$, est l'ensemble des réels qui sont dans I ou dans J ou dans les deux à la fois.

Conseils
Dessinez en couleur sur une même droite graduée les intervalles proposés.

On donne les intervalles $I = [-2\,;4]$, $J =]2\,;7]$ et $K = [5\,;+\infty[$.
Déterminer $I \cap J$ et $I \cup J$ puis $I \cap K$ et $I \cup K$.

SOLUTION

Les nombres réels qui sont à la fois dans I et dans J sont compris entre 2 exclu et 4 inclus, donc $I \cap J =]\,2\,;\,4]$.
Les nombres réels qui sont dans I ou dans J ou dans les deux à la fois sont compris entre − 2 inclus et 7 inclus, donc $I \cup J = [-2\,;7]$.

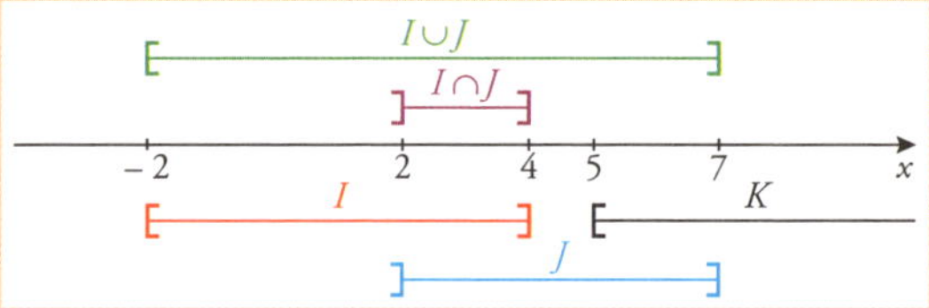

I et K n'ont aucun nombre réel en commun donc $I \cap K = \varnothing$ (notation qui désigne l'ensemble vide) et $I \cup K = [-2\,;4] \cup [5\,;+\infty[$.

2 Traduire des inégalités en utilisant des intervalles

Donner l'intervalle correspondant à l'ensemble des nombres réels x qui vérifient chacune des inégalités suivantes.

a. $x > 20$ b. $2{,}4 \leqslant x < 5$
c. $3 < x < 7$ d. $|x-8| \leqslant 4$
e. $|x-3| < 7$

Conseils
Prenez garde au sens des crochets dans les intervalles et pensez à la propriété liant inéquations avec la valeur absolue et intervalles.

SOLUTION

a. $x > 20 \Leftrightarrow x \in]20\,;+\infty[$ b. $2{,}4 \leqslant x < 5 \Leftrightarrow x \in [2{,}4\,;\,5[$
c. $3 < x < 7 \Leftrightarrow x \in]3\,;\,7[$
d. $|x-8| \leqslant 4 \Leftrightarrow x \in [8-4\,;8+4] \Leftrightarrow x \in [4\,;\,12]$
e. $|x-3| < 7 \Leftrightarrow x \in]3-7\,;3+7[\Leftrightarrow x \in]-4\,;10[$

Méthodes

1 Vérifier si un nombre est multiple d'un autre

On considère la fonction Multiple ci-contre, dont les arguments sont deux entiers naturels a et b, qui renvoie un booléen (« Vrai » ou « Faux »).

Compléter la fonction Multiple afin qu'elle renvoie « Vrai » si b est multiple de a et « Faux » sinon. Puis écrire cette fonction en Python.

```
Fonction Multiple(a,b)
n ← 1
c ← a
Tant que c < b
   n ← ...
   ... ← n × a
FinTantque
Si...
   alors renvoyer « Vrai »
   sinon renvoyer « Faux »
FinSi
```

Conseils

b est multiple de a s'il existe $n \in \mathbb{N}$ tel que $b = a \times n$.

SOLUTION

On stocke les multiples successifs de a dans la variable c tant que les nombres obtenus sont inférieurs à b. Lorsque c est supérieur ou égal à b, si les variables b et c contiennent les mêmes valeurs, alors b est un multiple de a et on renvoie « Vrai », sinon b n'est pas un multiple de a et on renvoie « Faux ».

```
Fonction Multiple(a,b)
n ← 1
c ← a
Tant que c < b
   n ← n + 1
   c ← n × a
FinTantque
Si b = c
   alors renvoyer « Vrai »
   sinon renvoyer « Faux »
FinSi
```

```python
def Multiple(a,b):
    n=1
    c=a
    while c<b:
        n=n+1
        c=n*a
    if b==c:
        return(True)
    else:
        return(False)
```

2 Conjecturer le rôle d'un algorithme

1. Dérouler l'algorithme ci-contre pour $n = 2$ puis conjecturer le rôle de cet algorithme.
2. Écrire une fonction en Python, traduisant cet algorithme, de paramètre $n \in \mathbb{N}$ et renvoyant les valeurs de a et b.

```
a ← 0
Pour i allant de 0 à n
  b ← a
  Tant que b < √2
    b ← b + 10^(-i)
  FinTantque
  a = b − 10^(-i)
FinPour
```

Conseils

Présentez les valeurs successives prises par la variable b dans des tableaux pour chacune des valeurs prises par la variable compteur i.

SOLUTION

1. Initialement, $a = 0$.

• Tout d'abord, $i = 0$ et $10^{-i} = 1$.
b reçoit la valeur 0 puis b est incrémentée de 1 tant que la condition $b < \sqrt{2}$ est vraie. Finalement, $b = 2$ et $a = b - 1 = 1$.

b	0	1	2
$b < \sqrt{2}$	Vrai	Vrai	Faux

• Ensuite $i = 1$ et $10^{-i} = 0{,}1$.
b reçoit alors la valeur 1 puis b est incrémentée de 0,1 tant que la condition $b < \sqrt{2}$ est vraie. Finalement, $b = 1{,}5$ et $a = b - 0{,}1 = 1{,}4$.

b	1	1,1	1,2	1,3	1,4	1,5
$b < \sqrt{2}$	Vrai	Vrai	Vrai	Vrai	Vrai	Faux

• Enfin $i = 2$ et $10^{-i} = 0{,}01$.
b reçoit alors la valeur 1,40 puis b est incrémentée de 0,01 tant que la condition $b < \sqrt{2}$ est vraie.
Finalement, $b = 1{,}42$ et $a = b - 0{,}01 = 1{,}41$.

b	1,40	1,41	1,42
$b < \sqrt{2}$	Vrai	Vrai	Faux

Sachant que $\sqrt{2} \approx 1{,}414\,213\,562\ldots$, cet algorithme semble fournir un encadrement de $\sqrt{2}$ d'amplitude 10^{-n}.

2.
```python
from math import*
def balayage(n):
    a=0
    for i in range(n+1):
        b=a
        while b<sqrt(2):
            b=b+10**(-i)
        a=b-10**(-i)
    return(round(a,n),round(b,n))
```

À noter !

• **sqrt** : racine carrée en Python, commande du module math à importer.
• **round(a,n)** : valeur arrondie de a à n décimales.

Quiz EXPRESS

Avez-vous bien révisé les fiches 5 à 8 ? On vérifie !

9

Ensemble de nombres

1 Fraction irréductible

FICHE 5

Sous forme irréductible, la fraction $A = \frac{420}{924}$ s'écrit :

☐ **a.** $\frac{10}{11}$ ☐ **b.** $\frac{7}{11}$ ☐ **c.** $\frac{5}{11}$

2 Encadrement

FICHE 6

Un encadrement d'amplitude 0,01 du volume $\mathscr{V}$ (en cm^3) d'une pyramide régulière à base carrée de côté 5,8 cm et de hauteur 3,7 cm est :

☐ **a.** $62{,}23 < \mathscr{V} < 62{,}24$

☐ **b.** $41{,}48 < \mathscr{V} < 41{,}49$

☐ **c.** $14{,}09 < \mathscr{V} < 14{,}10$

3 Ensemble de nombres

FICHE 6

Le plus petit ensemble auquel appartient $B = \frac{5}{3} - \frac{7}{8} + \frac{1}{12}$ est :

☐ **a.** $\mathbb{D}$ ☐ **b.** $\mathbb{Q}$ ☐ **c.** $\mathbb{Z}$

4 Réunion et intersection d'intervalles

FICHE 7

1. L'intersection des intervalles $I =]-\infty\,;1]$ et $J = [-4\,;+\infty[$ est :

☐ **a.** $]-\infty\,;+\infty[$ ☐ **b.** $[-4\,;1]$ ☐ **c.** $]-4\,;1[$

2. La réunion des intervalles $K =]3\,;5[$ et $L =]-2\,;7[$ est :

☐ **a.** $]3\,;7[$ ☐ **b.** $]-2\,;5[$ ☐ **c.** $]-2\,;7[$

5 Valeur absolue

FICHE 7

L'ensemble des nombres réels x tels que $|2x-5| \leqslant 3$ est :

☐ **a.** $[2\,;8]$ ☐ **b.** $[1\,;4]$ ☐ **c.** $]-\infty\,;4]$

CORRIGÉS

1 Fraction irréductible

Réponse c.

$$A = \frac{420}{924} = \frac{7 \times 3 \times 2 \times 2 \times 5}{7 \times 3 \times 2 \times 2 \times 11}$$
$$= \frac{5}{11}$$

2 Encadrement

Réponse b.

$\mathcal{V} = \frac{1}{3} \times 5{,}8^2 \times 3{,}7 \approx 41{,}489\ldots$ donc $41{,}48 < \mathcal{V} < 41{,}49$.

3 Ensemble de nombres

Réponse a.

$$B = \frac{5}{3} - \frac{7}{8} + \frac{1}{12} = \frac{5 \times 8}{3 \times 8} - \frac{7 \times 3}{8 \times 3} + \frac{1 \times 2}{12 \times 2}$$
$$= \frac{21}{24} = \frac{7}{8} = \frac{7 \times 125}{8 \times 125} = \frac{875}{10^3}$$

4 Réunion et intersection d'intervalles

1. Réponse b.

$x \in I \cap J \Leftrightarrow x \leqslant 1$ et $-4 \leqslant x \Leftrightarrow -4 \leqslant x \leqslant 1 \Leftrightarrow x \in [-4\,;1]$.

2. Réponse c.

K étant inclus dans L (l'ensemble des réels qui sont dans K sont aussi dans L), on a $K \cup L = L$.

5 Valeur absolue

Réponse b.

$$|2x - 5| \leqslant 3 \Leftrightarrow 5 - 3 \leqslant 2x \leqslant 5 + 3$$
$$\Leftrightarrow 2 \leqslant 2x \leqslant 8$$
$$\Leftrightarrow 1 \leqslant x \leqslant 4$$

Résoudre une équation, une inéquation du premier degré

10

☐ OK

I Équation et inéquation du premier degré à une inconnue

- Une **équation du premier degré à une inconnue** est une égalité qui peut s'écrire sous la forme $ax + b = 0$ où $a \in \mathbb{R}^*, b \in \mathbb{R}$ et x est l'inconnue.

Exemple : Pour l'achat de deux parts de tagliatelles au saumon, on obtient une réduction de 3 €. Le tout, réduction comprise, coûte 14 €. Si x est le prix d'une part, on obtient l'équation $2x - 3 = 14$.

- Une **inéquation du premier degré à une inconnue** est une inégalité qui peut s'écrire sous la forme $ax + b < 0$, $ax + b > 0$, $ax + b \leqslant 0$ ou $ax + b \geqslant 0$ où $a \in \mathbb{R}^*, b \in \mathbb{R}$ et x est l'inconnue.

Exemple : Plusieurs adultes de 70 kg et un enfant de 40 kg souhaitent monter dans un ascenseur dont la charge ne peut excéder 250 kg. Si x est le nombre d'adultes pouvant monter dans l'ascenseur, la situation se traduit par l'inéquation $70x + 40 \leqslant 250$.

- **Résoudre une équation ou une inéquation** du premier degré à une inconnue dans un ensemble D consiste à trouver tous les nombres de l'ensemble D qui vérifient l'égalité ou l'inégalité donnée.

Exemple : Dans $\mathbb{Z}$, l'équation $x + 5 = 0$ admet $x = -5$ pour solution unique. Dans $\mathbb{N}$, cette équation n'a pas de solution.

II Opérations dans les équations et inéquations

- Deux équations sont **équivalentes** si elles ont les mêmes solutions dans un ensemble donné D.

- On obtient, dans un ensemble donné D :
  - une **équation équivalente** à une équation donnée **en ajoutant ou en retranchant** à ses deux membres un même nombre réel ou **en multipliant ou en divisant** ses deux membres par un même nombre réel non nul ;
  - une **inéquation équivalente** à une inéquation donnée, en ajoutant ou en retranchant à ses deux membres un même nombre réel ;
  - une **inéquation équivalente** à une inéquation donnée, **en multipliant ou en divisant** ses deux membres par un même nombre **réel positif non nul** et on conserve le sens de l'inégalité. On **change ce sens** si le nombre est **négatif**.

Méthodes

1 Résoudre une équation

Résoudre dans $\mathbb{R}$ l'équation $4x + 5 = -6$.

Conseils

Commencez par éliminer le terme « 5 » dans le membre de gauche.

SOLUTION

$$4x + 5 = -6 \Leftrightarrow 4x + 5 - 5 = -6 - 5 \Leftrightarrow 4x = -11$$

$$\Leftrightarrow \frac{4x}{4} = \frac{-11}{4} \Leftrightarrow x = -2{,}75$$

À noter !

Le symbole $\Leftrightarrow$ signifie « équivaut à » ou « est équivalent à ».

2 Résoudre une inéquation

1. Résoudre dans $\mathbb{R}$ l'inéquation $3x - 7 < 4$.
2. Résoudre dans $\mathbb{R}$ l'inéquation $-18x \leqslant -12x + 3{,}4$.

Conseils

N'oubliez pas qu'en divisant les deux membres d'une inégalité par un même nombre positif, on obtient une inégalité de même sens, alors que si ce nombre est négatif, on obtient une inégalité de sens contraire.

SOLUTION

1. $3x - 7 < 4 \Leftrightarrow 3x - 7 + 7 < 4 + 7 \Leftrightarrow 3x < 11$

$$\Leftrightarrow \frac{3}{3}x < \frac{11}{3} \Leftrightarrow x < \frac{11}{3}$$

L'ensemble des solutions de l'inéquation est l'intervalle $\left]-\infty\,;\,\frac{11}{3}\right[$.

2. $-18x \leqslant -12x + 3{,}4$

$$\Leftrightarrow -18x + 12x \leqslant -12x + 3{,}4 + 12x \Leftrightarrow -6x \leqslant 3{,}4$$

$$\Leftrightarrow \frac{-6x}{-6} \geqslant \frac{3{,}4}{-6} \Leftrightarrow x \geqslant -\frac{17}{30}$$

L'ensemble des solutions de l'inéquation est l'intervalle $\left[-\frac{17}{30}\,;\,+\infty\right[$.

Calculer avec des puissances, des racines carrées

11

☐ OK

I Calculs avec des puissances

Soient $a \in \mathbb{R}^*$, $b \in \mathbb{R}^*$, $m \in \mathbb{Z}$, $n \in \mathbb{Z}$ et $p \in \mathbb{Z}$. On a :

- $a^m \times a^n = a^{m+n}$
- $a^m \times b^m = (a \times b)^m$
- $(a^m)^n = a^{m \times n}$
- $a^0 = 1$
- $\dfrac{a^n}{b^n} = \left(\dfrac{a}{b}\right)^n$
- $\left(\dfrac{1}{b}\right)^n = \dfrac{1}{b^n}$
- $\dfrac{a^m}{a^n} = a^{m-n}$
- $b^{-p} = \dfrac{1}{b^p}$

Exemples :

- $2{,}3^4 \times 2{,}3^5 = 2{,}3^{4+5} = 2{,}3^9$
- $2^3 \times 6^3 = (2 \times 6)^3 = 12^3$
- $\dfrac{8{,}4^5}{2{,}1^5} = \left(\dfrac{8{,}4}{2{,}1}\right)^5 = 4^5$
- $2^{-3} = \dfrac{1}{2^3} = \dfrac{1}{8}$
- $\dfrac{7^5}{7^2} = 7^{5-2} = 7^3$
- $\left(\dfrac{1}{4}\right)^5 = \dfrac{1}{4^5} = \dfrac{1}{1024}$
- $5^0 = 1$
- $(0{,}1^2)^3 = 0{,}1^{2\times3} = 0{,}1^6$

II Calculs avec des racines carrées

- Pour tous nombres réels $a \geqslant 0$ et $b \geqslant 0$, on a :
  - $(\sqrt{a})^2 = a$
  - $\sqrt{a \times b} = \sqrt{a} \times \sqrt{b}$
  - $\sqrt{a^2 \times b} = a\sqrt{b}$
  - $\sqrt{a+b} < \sqrt{a} + \sqrt{b}$

À noter !

Dans l'écriture $\sqrt{A}$, le symbole $\sqrt{}$ est un radical et A est le radicande.

- Pour tous nombres réels $a \geqslant 0$ et $b > 0$: $\sqrt{\dfrac{a}{b}} = \dfrac{\sqrt{a}}{\sqrt{b}}$.
- Pour tout nombre réel a : $\sqrt{a^2} = |a|$.

Exemples :

- $\sqrt{28} = \sqrt{4 \times 7} = \sqrt{2^2 \times 7} = 2\sqrt{7}$
- $\dfrac{\sqrt{27}}{\sqrt{3}} = \sqrt{\dfrac{27}{3}} = \sqrt{9} = 3$
- $\sqrt{3} \times \sqrt{5} = \sqrt{3 \times 5} = \sqrt{15}$
- $\sqrt{(-6)^2} = |-6| = 6$

- Il n'existe aucune règle générale de calcul concernant la différence et la somme de deux racines carrées. Ainsi, par exemple :
  - $\sqrt{676} - \sqrt{576} = 26 - 24 = 2$, alors que $\sqrt{676 - 576} = \sqrt{100} = 10$;
  - $\sqrt{144} + \sqrt{25} = 12 + 5 = 17$, alors que $\sqrt{144 + 25} = \sqrt{169} = 13$.

Méthodes

1 Simplifier des écritures avec des puissances

Simplifier au maximum chacune des expressions suivantes.

- $A = \dfrac{35 \times 9^{-3} \times 6^2}{12^{-4} \times 2^5}$
- $B = \sqrt{0{,}01} \times \left(4\sqrt{10}\right)^2 \times 2^{-3}$

Conseils

Faites apparaître des puissances de 2 et 3 pour simplifier *A*, des puissances de 10 et 2 pour simplifier *B*.

SOLUTION

- $A = \dfrac{35 \times 9^{-3} \times 6^2}{12^{-4} \times 2^5} = \dfrac{35 \times (3^2)^{-3} \times (3 \times 2)^2}{(2^2 \times 3)^{-4} \times 2^5}$

$= \dfrac{35 \times 3^{2\times(-3)} \times 3^2 \times 2^2}{2^{2\times(-4)} \times 3^{-4} \times 2^5} = \dfrac{35 \times 3^{-6} \times 3^2 \times 2^2}{2^{-8} \times 3^{-4} \times 2^5}$

$= \dfrac{35 \times 3^{(-6+2)} \times 2^2}{2^{-8+5} \times 3^{-4}} = \dfrac{35 \times 3^{-4} \times 2^2}{2^{-3} \times 3^{-4}} = 35 \times 2^{2-(-3)} = 35 \times 2^5$

- $B = \sqrt{0{,}01} \times \left(4\sqrt{10}\right)^2 \times 2^{-3} = \sqrt{10^{-2}} \times 4^2 \times \left(\sqrt{10}\right)^2 \times 2^{-3}$

$= \sqrt{(10^{-1})^2} \times (2^2)^2 \times \left(\sqrt{10}\right)^2 \times 2^{-3} = 10^{-1} \times 2^{2\times2} \times 10 \times 2^{-3}$

$= 10^{-1+1} \times 2^{4-3} = \underbrace{10^0}_{=1} \times 2 = 2$

2 Réduire des écritures avec des radicaux

Écrire chacune des expressions suivantes sous la forme $a\sqrt{b}$ où a et b sont des entiers naturels, avec b le plus petit possible.

- $C = \sqrt{98} - \sqrt{32} + \sqrt{8}$
- $D = \sqrt{125} \times 3\sqrt{21} \times \sqrt{35}$

Conseils

Pour tous nombres réels positifs a et b, $\sqrt{a^2 \times b} = a\sqrt{b}$.

SOLUTION

- $C = \sqrt{98} - \sqrt{32} + \sqrt{8} = \sqrt{49 \times 2} - \sqrt{16 \times 2} + \sqrt{4 \times 2}$

$= \sqrt{7^2 \times 2} - \sqrt{4^2 \times 2} + \sqrt{2^2 \times 2} = 7\sqrt{2} - 4\sqrt{2} + 2\sqrt{2} = 5\sqrt{2}$

- $D = \sqrt{125} \times 3\sqrt{21} \times \sqrt{35} = \sqrt{25 \times 5} \times 3\sqrt{3 \times 7} \times \sqrt{5 \times 7}$

$= \sqrt{5^2 \times 5} \times 3 \times \sqrt{3} \times \sqrt{7} \times \sqrt{5} \times \sqrt{7}$

$= 5 \times \sqrt{5} \times 3 \times \sqrt{3} \times \sqrt{7} \times \sqrt{5} \times \sqrt{7}$

$= 5 \times 3 \times \left(\sqrt{5}\right)^2 \times \left(\sqrt{7}\right)^2 \times \sqrt{3} = 5 \times 3 \times 5 \times 7 \times \sqrt{3} = 525\sqrt{3}$

Développer, factoriser une expression

12

☐ OK

I La distributivité

Pour tous nombres réels a, b, c, d et k :

- Distributivité simple :

$k \times (a+b) = k \times a + k \times b$

- Double distributivité :

$(a+b) \times (c+d) = a \times c + a \times d + b \times c + b \times d$

Exemples :

- La forme factorisée de $g(x) = 2x^2 - 5x$ est :

$g(x) = 2x \times x - 5x = x \times 2x - x \times 5 = x \times (2x - 5)$.

- La forme développée de $f(x) = (2x+5)(x-3)$ est :

$f(x) = (2x+5)(x+(-3))$
$= 2x \times x + 2x \times (-3) + 5 \times x + 5 \times (-3)$
$= 2x^2 - 6x + 5x - 15 = 2x^2 - x - 15$.

II Les identités remarquables

Pour tous nombres réels a et b :

- $(a+b)^2 = a^2 + 2ab + b^2$
- $(a-b)^2 = a^2 - 2ab + b^2$
- $(a-b)(a+b) = a^2 - b^2$

Exemples :

Les formes développées de $(x+5)^2$ et $(2x-3)^2$ sont :
$(x+5)^2 = x^2 + 2 \times x \times 5 + 5^2 = x^2 + 10x + 25$.
$(2x-3)^2 = (2x)^2 - 2 \times 2x \times 3 + 3^2 = 4x^2 - 12x + 9$.

Les formes factorisées de $x^2 - 14x + 49$ et $4x^2 - 9$ sont :
$x^2 - 14x + 49 = x^2 - 2 \times x \times 7 + 7^2 = (x-7)^2$.
$4x^2 - 9 = (2x)^2 - 3^2 = (2x-3)(2x+3)$.

Méthodes

1 Factoriser une expression

Soit
$f(x) = (7x-1)^2 - (4x-3)^2 + 5(3x+2)^2$.
Factoriser $f(x)$.

Conseils

Identifiez un facteur commun après avoir exploité
$(a-b)(a+b) = a^2 - b^2$.

SOLUTION

$$\begin{aligned} f(x) &= (7x-1)^2 - (4x-3)^2 + 5(3x+2)^2 \\ &= [(7x-1)-(4x-3)]\times[(7x-1)+(4x-3)] + 5(3x+2)^2 \\ &= [7x-1-4x+3]\times[7x-1+4x-3] + 5(3x+2)^2 \\ &= (3x+2)\times(11x-4) + 5(3x+2)^2 \\ &= (3x+2)\times(11x-4) + 5(3x+2)\times(3x+2) \\ &= (3x+2)\times[(11x-4)+5(3x+2)] = (3x+2)\times(26x+6). \end{aligned}$$

2 Résoudre une équation à l'aide d'un produit nul

Résoudre dans $\mathbb{R}$ l'équation
$(3x-1)(x+4) = -4$.

Conseils

Développez le membre de gauche et ramenez-vous à un produit nul.

SOLUTION

$$\begin{aligned} (3x-1)(x+4) = -4 &\Leftrightarrow 3x^2 + 12x - x - 4 = -4 \\ &\Leftrightarrow 3x^2 + 11x = 0 \\ &\Leftrightarrow x \times (3x+11) = 0 \\ &\Leftrightarrow x = 0 \text{ ou } 3x + 11 = 0 \\ &\Leftrightarrow x = 0 \text{ ou } x = -\frac{11}{3}. \end{aligned}$$

Les solutions de l'équation sont ainsi 0 et $-\dfrac{11}{3}$.

3 Adapter une expression pour calculer

Factoriser $f(x) = (2x-5)^2 + 6(2x-5) + 9$ et calculer $f(1)$.

Conseils

Utilisez l'identité remarquable
$(a+b)^2 = a^2 + 2ab + b^2$.

SOLUTION

En remplaçant $(2x-5)$ par a et 3 par b, l'expression s'écrit $a^2 + 2ab + b^2$ d'où $f(x) = [(2x-5)+3]^2 = (2x-2)^2$ et $f(1) = 0^2 = 0$.

Quiz EXPRESS 13

Avez-vous bien révisé les fiches 10 à 12 ? On vérifie !

Calcul littéral

1 Équation et inéquation

FICHE 10

1. La solution réelle de l'équation $-7x+8=13$ est :

☐ **a.** $-\frac{5}{7}$ ☐ **b.** $\frac{5}{7}$ ☐ **c.** $-\frac{7}{5}$

2. L'ensemble des solutions dans $\mathbb{R}$ de l'inéquation $4x+9<3-2x$ est :

☐ **a.** $]-\infty\,;-1[$ ☐ **b.** $]1\,;+\infty[$ ☐ **c.** $]-6\,;6[$

2 Racines carrées

FICHE 11

Une expression simplifiée de $A=\sqrt{45}-\sqrt{20}$ est :

☐ **a.** 5 ☐ **b.** $\sqrt{5}$ ☐ **c.** $5\sqrt{3}-5\sqrt{2}$

3 Puissances

FICHE 11

Une expression simplifiée de $B=\dfrac{2^3\times 10^{-3}\times 0{,}6^2}{12^2\times 10^4\times 5}$ est :

☐ **a.** 4×10^{-9} ☐ **b.** 4^{-9} ☐ **c.** 4×10^{-10}

4 Distributivité et identités remarquables

FICHE 12

1. La forme développée de $f(x)=(-2x+1)(4-x)-3(5+x^2)$ est :

☐ **a.** $-x^2-9x-11$

☐ **b.** $5x^2-9x-15$

☐ **c.** $-x^2+9x+7$

2. L'expression développée de $h(x)=(3x-1)^2+(5x+4)^2$ est :

☐ **a.** $34x^2+17$

☐ **b.** $16x+6$

☐ **c.** $34x^2+34x+17$

CORRIGÉS

1 Équation et inéquation

1. Réponse a.

$$-7x+8=13 \Leftrightarrow -7x+8-8=13-8 \Leftrightarrow -7x=5 \Leftrightarrow x=-\frac{5}{7}.$$

2. Réponse a.

$$4x+9<3-2x \Leftrightarrow 4x+9+2x<3-2x+2x \Leftrightarrow 6x+9<3$$

$$\Leftrightarrow 6x+9-9<3-9 \Leftrightarrow 6x<-6 \Leftrightarrow \frac{6x}{6}<\frac{-6}{6} \Leftrightarrow x<-1.$$

2 Racines carrées

Réponse b.

$$A=\sqrt{45}-\sqrt{20}=\sqrt{9\times 5}-\sqrt{4\times 5}=\sqrt{3^2\times 5}-\sqrt{2^2\times 5}$$
$$=3\sqrt{5}-2\sqrt{5}=\sqrt{5}$$

3 Puissances

Réponse c.

$$B=\frac{2^3\times 10^{-3}\times 0{,}6^2}{12^2\times 10^4\times 5}=\frac{2^3\times 10^{-3}\times(6\times 10^{-1})^2}{(6\times 2)^2\times 10^4\times 5}$$
$$=\frac{2^3\times 10^{-3}\times 6^2\times 10^{-2}}{6^2\times 2^2\times 10^4\times 5}=\frac{2^{3-2}\times 10^{-3+(-2)+(-4)}}{5}$$
$$=\frac{2\times 10^{-9}}{5}=0{,}4\times 10^{-9}=4\times 10^{-10}$$

4 Distributivité et identités remarquables

1. Réponse a.

$$f(x)=(-2x+1)(4+(-x))-3(5+x^2)$$
$$=-8x+2x^2+4-x-15-3x^2$$
$$=-x^2-9x-11$$

2. Réponse c.

$$h(x)=((3x)^2-2\times 3x\times 1+1^2)+((5x)^2+2\times 5x\times 4+4^2)$$
$$=9x^2-6x+1+25x^2+40x+16$$
$$=34x^2+34x+17$$

Exploiter une courbe représentative de fonction

14

☐ OK

I Courbe représentative d'une fonction

Soit une fonction f définie sur un ensemble D.

- La courbe représentative de f, notée $\mathscr{C}_f$, dans un repère du plan est l'ensemble des points de coordonnées $(x\ ;\ f(x))$ où $x \in D$.
- On dit que la courbe représentative de f a pour équation $y = f(x)$.
- Soit un point M de coordonnées $(a\ ;\ b)$ et $a \in D$.

- si $f(a) = b$ alors M appartient à $\mathscr{C}_f$;
- si $f(a) \neq b$ alors M n'appartient pas à $\mathscr{C}_f$.

Exemple : Si $f(x) = -3x + 7$ pour $x \in \mathbb{R}$ alors, dans un repère du plan, le point $A(2\ ;\ 1)$ appartient à $\mathscr{C}_f$ car $f(x_A) = f(2) = -3 \times 2 + 7 = 1 = y_A$.

$B(3\ ;\ 2)$ n'appartient pas à $\mathscr{C}_f$ car $f(3) = -3 \times 3 + 7 = -2 \neq 2 = y_B$.

II Courbe représentative et parité

1 Définitions

- Un ensemble D est symétrique par rapport à zéro si, pour tout réel $x \in D, -x \in D$.

Exemples : Les ensembles $[-4\,;4]$ et $[-3\,;0[\, \cup\,]0\,;3]$, ainsi que $\mathbb{R}$ sont symétriques par rapport à zéro. L'ensemble $[-1\,;2]$ n'est pas symétrique par rapport à zéro, ce que montre le contre-exemple suivant : $1{,}5 \in [-1\,;2]$ mais $-1{,}5 \notin [-1\,;2]$.

- Soit f une fonction définie sur un ensemble D symétrique par rapport à zéro.

Si, pour tout $x \in D, f(-x) = f(x)$ alors f est une fonction dite paire.

Si, pour tout $x \in D, f(-x) = -f(x)$ alors f est une fonction dite impaire.

2 Traductions géométriques

La courbe représentative d'une fonction paire dans un repère orthogonal du plan est symétrique par rapport à l'axe des ordonnées.

La courbe représentative d'une fonction impaire dans un repère orthogonal du plan est symétrique par rapport à l'origine du repère.

▶ DÉPLIANT P. V

Méthodes

1 Lire graphiquement des images

On donne ci-contre la courbe représentative $\mathscr{C}_f$ d'une fonction f définie sur $[-7\,;8]$.

Lire graphiquement les images par f des réels -4 ; -7 et 3.

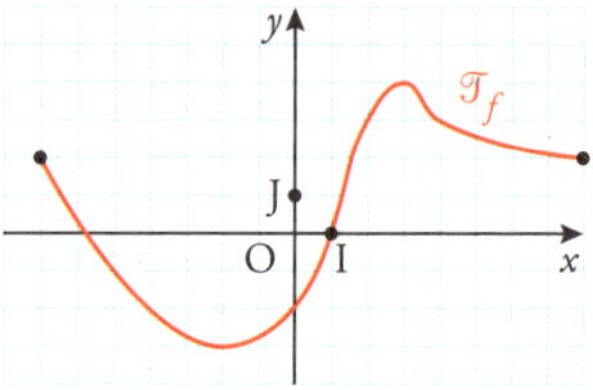

Conseils

Repérez les points de la courbe dont les abscisses sont les réels indiqués et lisez les ordonnées de ces points.

SOLUTION

L'image de -4 par f est -2 :
$f(-4) = -2$.
L'image de -7 par f est 2 :
$f(-7) = 2$.
L'image de 3 par f est 4 :
$f(3) = 4$.

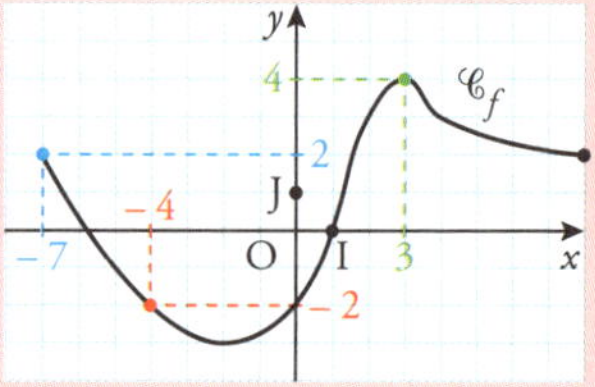

2 Étudier la parité d'une fonction

Soit g la fonction définie sur $[-2\,;2]$ par $g(x) = -9x^2 + 1$.

Étudier la parité de la fonction g et interpréter graphiquement.

Conseils

Exprimez $g(-x)$ en fonction de $g(x)$ pour tout réel $x \in [-2\,;2]$.

SOLUTION

L'ensemble $[-2\,;2]$ est symétrique par rapport à zéro. De plus, pour tout $x \in [-2\,;2]$, on a :

$$g(-x) = -9 \times (-x)^2 + 1$$
$$= -9x^2 + 1 = g(x).$$

La fonction g est donc paire. Sa courbe représentative dans un repère orthogonal du plan est ainsi symétrique par rapport à l'axe des ordonnées.

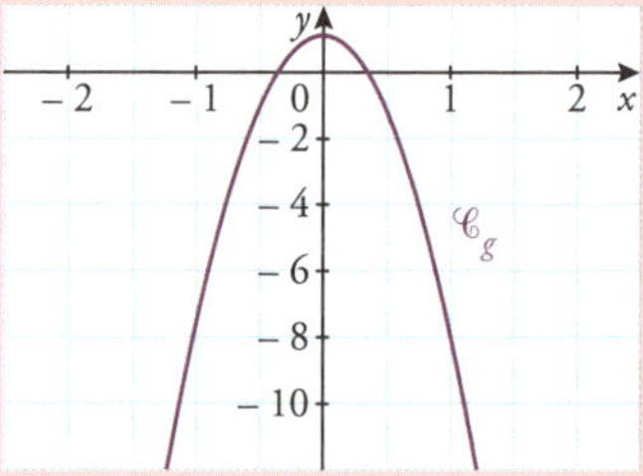

Résoudre graphiquement une équation, une inéquation

15

☐ OK

Soient une fonction f définie sur un ensemble D, $\mathscr{C}_f$ sa courbe représentative dans un repère du plan et k un réel.

I Résolution graphique d'une équation

On résout graphiquement l'équation $f(x) = k$ en cherchant les éventuels antécédents de k par la fonction f. Pour cela :

- on trace une droite parallèle à l'axe des abscisses qui coupe l'axe des ordonnées en $y = k$;
- on repère les éventuels points d'intersection de cette droite avec $\mathscr{C}_f$;
- on conclut : les solutions de l'équation $f(x) = k$, si elles existent, sont les abscisses des points éventuellement repérés.

Exemple : On considère la fonction f définie sur $[-2;1{,}5]$ dont on donne ci-contre la courbe représentative.
Les solutions de l'équation $f(x) = 1$ sont $x = -2$, $x = 0$ et $x = 1$. L'ensemble des solutions se note $S = \{-2;0;1\}$.
L'équation $f(x) = 0{,}5$ n'a pas de solution. L'ensemble des solutions se note $S = \varnothing$ (ensemble vide).

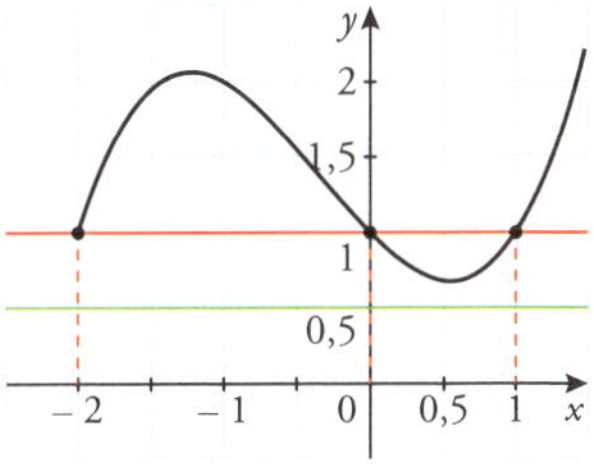

II Résolution graphique d'une inéquation

On résout graphiquement l'inéquation $f(x) < k$ en cherchant les abscisses des points de $\mathscr{C}_f$ d'ordonnée inférieure à k. Pour cela :

- on trace une droite parallèle à l'axe des abscisses qui coupe l'axe des ordonnées en $y = k$;
- on repère les éventuels points de la courbe $\mathscr{C}_f$ situés en dessous de la droite précédemment tracée ;
- on conclut : les solutions de l'inéquation $f(x) < k$, si elles existent, sont les abscisses des points éventuellement repérés.

Remarque : On adapte la méthode pour résoudre $f(x) \leqslant k$, $f(x) > k$ ou $f(x) \geqslant k$.

Méthodes

1 Résoudre graphiquement une inéquation

On donne ci-contre la courbe représentative $\mathscr{C}_f$ d'une fonction f définie sur $[-7;8]$.

Résoudre graphiquement les inéquations $f(x) \leqslant -2$ et $f(x) > 3$.

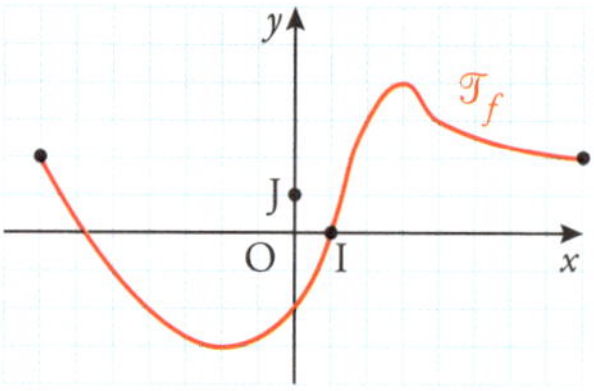

Conseils

Tracez des droites « horizontales » bien choisies pour vous aider dans la détermination de l'ensemble des solutions.

SOLUTION

- L'ensemble des solutions de l'inéquation $f(x) \leqslant -2$ est $S = [-4;0]$.
- L'ensemble des solutions de l'inéquation $f(x) > 3$ est $S =]2;4[$.

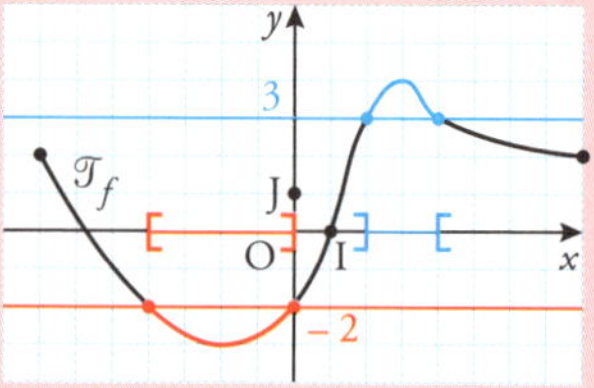

2 Étudier la position relative de deux courbes

On donne ci-contre les courbes représentatives des fonctions f et g définies sur $[-1;4]$, notées respectivement $\mathscr{C}_f$ et $\mathscr{C}_g$.

Résoudre graphiquement l'inéquation $f(x) < g(x)$.

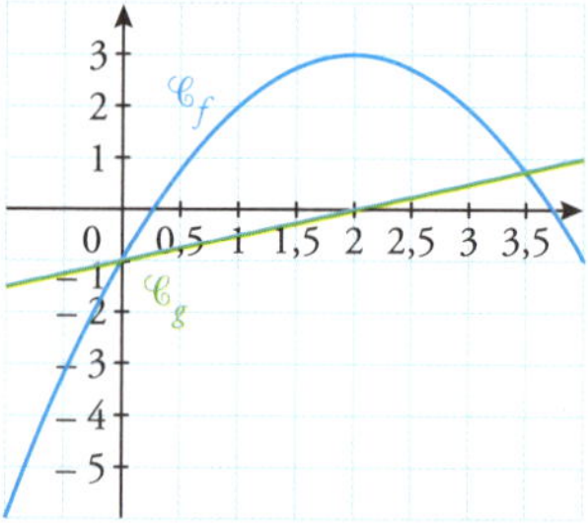

Conseils

Déterminez sur quel(s) intervalle(s) $\mathscr{C}_f$ est en dessous de $\mathscr{C}_g$.

SOLUTION

$\mathscr{C}_f$ est en dessous de $\mathscr{C}_g$ sur les intervalles $[-1;0[$ et $]3{,}5;4]$.
L'ensemble des solutions est donc $S = [-1;0[\cup]3{,}5;4]$.

Dresser un tableau de signes

16

☐ OK

I Détermination graphique du signe d'une fonction

Soient une fonction f définie sur un ensemble D et $\mathscr{C}_f$ sa courbe représentative dans un repère du plan. **Déterminer graphiquement le signe** de f, c'est étudier la position de $\mathscr{C}_f$ par rapport à l'axe des abscisses :

- si $\mathscr{C}_f$ coupe l'axe des abscisses, alors f s'annule aux abscisses des points d'intersection ;
- si $\mathscr{C}_f$ est au-dessus de l'axe des abscisses, alors f est strictement positive sur cet intervalle ;
- si $\mathscr{C}_f$ est en dessous de l'axe des abscisses, alors f est strictement négative sur cet intervalle.

Exemple : $\mathscr{C}_f$ est la courbe représentative de f définie sur $[-6\,;2]$.

$\mathscr{C}_f$ coupe l'axe des abscisses en $x = -5$, $x = -3{,}25$, $x = -0{,}5$ et $x = 1{,}75$.

Par lecture graphique, on obtient le tableau suivant :

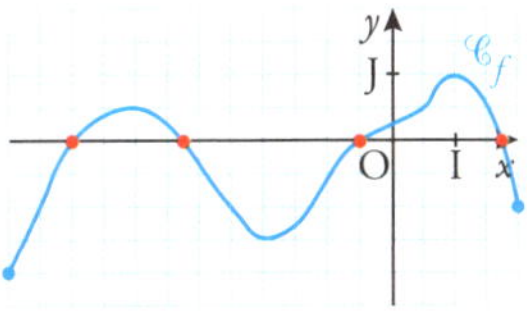

x	-6		-5		$-3{,}25$		$-0{,}5$		$1{,}75$		2
Signe de $f(x)$		$-$	0	$+$	0	$-$	0	$+$	0	$-$	

II Étude algébrique du signe d'une expression

Soit $E(x)$ une expression dépendant d'une variable réelle x.

Étudier algébriquement le signe de $E(x)$, c'est déterminer par le calcul pour quelle(s) éventuelle(s) valeur(s) de x :

- l'expression $E(x)$ s'annule, $E(x) = 0$;
- l'expression $E(x)$ est strictement positive, $E(x) > 0$;
- l'expression $E(x)$ est strictement négative, $E(x) < 0$.

Exemple : On considère l'expression $E(x) = 5x + 3$ où $x \in \mathbb{R}$.

Alors $5x + 3 = 0 \Leftrightarrow x = -\dfrac{3}{5} = -0{,}6$ et $5x + 3 > 0 \Leftrightarrow x > -0{,}6$.

On peut résumer ces résultats dans le **tableau de signes de $E(x)$**.

x	$-\infty$		$-0{,}6$		$+\infty$
Signe de $E(x)$		$-$	0	$+$	

Méthodes

1 Étudier la position relative de deux courbes

Soient f et g les fonctions définies sur $\mathbb{R}$ par $f(x) = x^2 - 8x + 3$ et $g(x) = -x^2 + 4x - 15$.
Étudier les positions relatives de leurs courbes respectives $\mathscr{C}_f$ et $\mathscr{C}_g$ dans un repère.

Conseils
Étudiez le signe de la différence $f(x) - g(x)$.

SOLUTION

$$f(x) - g(x) = x^2 - 8x + 3 - \left(-x^2 + 4x - 15\right)$$
$$= 2x^2 - 12x + 18 = 2(x-3)^2$$

Ainsi :

x	$-\infty$		3		$+\infty$
Signe de $f(x) - g(x)$		+	0	+	

Pour tout réel $x \neq 3$, $f(x) - g(x) > 0 \Leftrightarrow f(x) > g(x)$.
$\mathscr{C}_f$ est donc toujours au-dessus de $\mathscr{C}_g$, sauf pour $x = 3$, abscisse en laquelle les deux courbes ont un point commun.

2 Déterminer le signe d'un quotient

Soit l'expression $r(x) = \dfrac{4x+3}{2x-1}$. Dresser le tableau de signes de $r(x)$.

Conseils
Étudiez le signe du numérateur et le signe du dénominateur. Concluez par la règle des signes sans omettre la valeur interdite.

SOLUTION

- $4x + 3 = 0 \Leftrightarrow x = -0{,}75$
- $4x + 3 > 0 \Leftrightarrow x > -0{,}75$
- $2x - 1 = 0 \Leftrightarrow x = 0{,}5$
- $2x - 1 > 0 \Leftrightarrow x > 0{,}5$

On applique la règle des signes pour déterminer le signe de $r(x)$.

x	$-\infty$		$-0{,}75$		$0{,}5$		$+\infty$
Signe de $4x+3$		$-$	0	+	|	+	
Signe de $2x-1$		$-$	|	$-$	0	+	
Signe de $r(x)$		+	0	$-$	||	+	

Remarque : La double barre indique la valeur interdite (qui annule le dénominateur).

Quiz EXPRESS

17

Avez-vous bien révisé les fiches 14 à 16 ? On vérifie !

Généralités sur les fonctions

On considère la fonction g définie sur $D_g = \mathbb{R}$ par $g(x) = 4x^2 - 1$.

1 Point et courbe

▶ FICHE 14

La courbe représentative $\mathscr{C}_g$ de la fonction g, dans un repère du plan, ne passe pas par le point :

☐ **a.** A (– 1 ; 3) ☐ **b.** B (3 ; 23) ☐ **c.** C (0 ; – 1)

2 Image et courbe

▶ FICHE 14

Le point D(– 5 ; 99) appartient à la courbe $\mathscr{C}_g$.

Alors, par la fonction g, le réel 99 est :

☐ **a.** l'image de – 5

☐ **b.** un antécédent de – 5

☐ **c.** l'antécédent de – 5

3 Signe d'une expression, d'une fonction et d'un quotient

▶ FICHE 16

1. L'expression $E(x) = (x^2 + 1)(5x + 3)$ est positive sur :

☐ **a.** $[-1\,;+\infty[$ ☐ **b.** $[-0{,}6\,;+\infty[$ ☐ **c.** $\mathbb{R}$

2. Voici le tableau de signes d'une fonction f définie sur $\mathbb{R}$.

x	$-\infty$		5		$+\infty$
Signe de $f(x)$		+	0	–	

Une expression de $f(x)$ peut être :

☐ **a.** $f(x) = 2x - 10$ ☐ **b.** $f(x) = 5 - x^2$ ☐ **c.** $f(x) = 15 - 3x$

3. Soit l'expression $Q(x) = \dfrac{3x+6}{-x+4}$.

Dans $\mathbb{R}$, l'ensemble solution de l'inéquation $Q(x) \leqslant 0$ est :

☐ **a.** $]-\infty\,;-2] \cup]4\,;+\infty[$ ☐ **b.** $[-2\,;4]$ ☐ **c.** $[-2\,;4[$

Méthodes

1 Associer une courbe à un tableau de variations

On donne ci-dessous le tableau de variations d'une fonction g.

x	-2		-1		2		4
$g(x)$	-2	↘	-3	↗	3	↘	0

Tracer une courbe représentative possible pour g.

Conseils

Veillez à bien respecter les valeurs indiquées dans le tableau.

SOLUTION

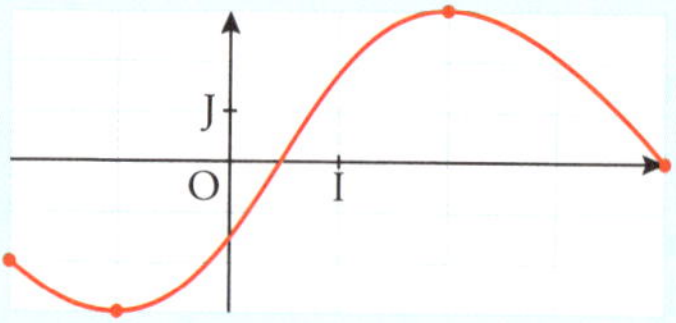

2 Étudier les variations d'une fonction

Soit g la fonction définie sur $\mathbb{R}$ par $g(x) = x^2 - 2x$.

Démontrer que g est strictement croissante sur $I = [1\,;+\infty[$.

Conseils

Étudiez le signe de la différence $g(b) - g(a)$ lorsque $1 \leqslant a < b$.

SOLUTION

Soient $a \in [1\,;+\infty[$ et $b \in [1\,;+\infty[$ avec $a < b$.

On a ainsi $1 \leqslant a < b$.

$$g(b) - g(a) = b^2 - 2b - a^2 + 2a = b^2 - a^2 - 2(b-a)$$
$$= (b-a)(b+a) - 2(b-a) = (b-a)(b+a-2).$$

Comme $b - a > 0$ et $b + a - 2 > a + a - 2 \geqslant 2(a-1) \geqslant 0$,
alors $g(b) - g(a) > 0$ soit $g(a) < g(b)$.
La fonction g est donc strictement croissante sur $I = [1\,;+\infty[$.

Déterminer les éventuels extremums d'une fonction

19

☐ OK

I | Extremums d'une fonction sur un intervalle

Soit f une fonction définie sur un intervalle I et a un réel de I.

- f admet **un maximum en a** sur I si, pour tout réel x de I, $f(x) \leqslant f(a)$. Ce maximum est alors égal à $f(a)$.

Autrement dit, le maximum d'une fonction sur un intervalle, s'il existe, est la plus grande valeur atteinte par cette fonction.

> **À noter !**
> Un **extremum**, c'est-à-dire un maximum ou un minimum, lorsqu'il existe, peut être atteint en plusieurs valeurs.

- f admet **un minimum en a** sur I si, pour tout réel x de I, $f(x) \geqslant f(a)$. Ce minimum est alors égal à $f(a)$.

Autrement dit, le minimum d'une fonction sur un intervalle, s'il existe, est la plus petite valeur atteinte par cette fonction.

Exemple : Soit $f(x) = x^2 + 1$ avec $x \in \mathbb{R}$.

Pour tout réel x, $f(x) \geqslant 0 + 1 = 1 = f(0)$. La fonction f admet donc un minimum sur $\mathbb{R}$ en $a = 0$, minimum qui est égal à 1.

Méthodes

1 Déterminer graphiquement un extremum

On donne ci-dessous la courbe représentative d'une fonction f.

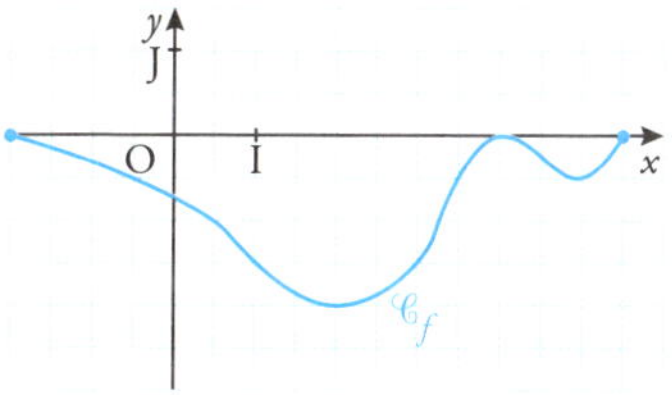

Déterminer graphiquement :

1. le maximum de f sur $[3 ; 5{,}5]$;
2. le minimum de f sur $[-2 ; 4]$;
3. le maximum de f sur $[0 ; 3{,}5]$;
4. le minimum de f sur $[3 ; 5]$.

> **Conseils**
> Déterminez selon les cas le(s) point(s) le plus haut ou le plus bas de la courbe représentative de f sur les intervalles indiqués.

SOLUTION

1. Le maximum de f sur [3 ; 5,5] est 0 ; il est atteint en $x = 4$ et $x = 5,5$.
2. Le minimum de f sur [− 2 ; 4] est − 2 ; il est atteint en $x = 2$.
3. Le maximum de f sur [0 ; 3,5] est − 0,5 ; il est atteint en $x = 3,5$.
4. Le minimum de f sur [3 ; 5] est − 1,5 ; il est atteint en $x = 3$.

2 Déterminer algébriquement un extremum

Soit g la fonction définie sur $\mathbb{R}$ par $g(x) = 2x^2 + 4x - 1$.

Démontrer que −3 est le minimum de g sur $\mathbb{R}$.

Conseils

Étudiez le signe de la différence $g(x) - (-3)$ lorsque $x \in \mathbb{R}$.

SOLUTION

Pour tout réel x :

$$g(x) - (-3) = 2x^2 + 4x - 1 + 3 = 2x^2 + 4x + 2$$
$$= 2(x^2 + 2x + 1) = 2(x+1)^2.$$

Par conséquent $g(x) - (-3) \geqslant 0$ soit $g(x) \geqslant -3$.

Comme $g(x) - (-3) = 2(x+1)^2$, on remarque aussi que $g(-1) - (-3) = 2 \times (-1+1)^2 = 0$ soit encore $g(-1) = -3$.

Finalement, pour tout réel x, $g(x) \geqslant g(-1) = -3$.

-3 est donc le minimum de g sur $\mathbb{R}$, atteint en $x = -1$.

3 Lire des extremums dans un tableau de variations

On donne ci-contre le tableau de variations d'une fonction f.

x	-4		-1		0		3
$f(x)$	-2	↗	7	↘	3	↗	9

1. Quel est le maximum de f sur $[-4 ; 0]$?
2. Quel est le minimum de f sur $[-1 ; 3]$?

Conseils

Repérez dans le tableau la plus grande et la plus petite valeur de $f(x)$ sur les intervalles indiqués.

SOLUTION

1. Le maximum de f sur $[-4 ; 0]$ est 7 ; il est atteint en $x = -1$.
2. Le minimum de f sur $[-1 ; 3]$ est 3 ; il est atteint en $x = 0$.

Méthodes

1 Encadrer numériquement une valeur par balayage

On donne ci-contre le tableau de variations de la fonction p définie sur l'intervalle $[0 ; 2]$ par $p(x) = -4x^2 + 5x + 7$.

x	0		α		2
$p(x)$	7	↗	b	↘	1

Le programme en Python ci-contre fait appel à la fonction en Python notée P. Qu'affiche ce programme ? Quel est son rôle ?

```
def P(x) :
    return (-4*x**2+5*x+7)
a=0
while P(a)<P(a+0.1) :
    a=a+0.1
print("[",a,";",a+0.1,"[")
```

Conseils

Indiquez les valeurs successives prises par la variable a puis concluez.

SOLUTION

La fonction en Python P a pour argument x et renvoie l'image de cet argument par la fonction $p : x \mapsto -4x^2 + 5x + 7$.

La variable a prend initialement la valeur 0 (borne inférieure de l'intervalle $[0 ; 2]$). Ensuite, tant que les images par la fonction p des valeurs contenues dans les variables a et $a + 0.1$ sont rangées dans l'ordre croissant, la variable a est incrémentée de 0,1. La condition de la boucle non bornée n'est par contre plus vérifiée dès lors que la valeur contenue dans la variable $a + 0.1$ est supérieure à la valeur α, ce qui s'explique par la stricte décroissance de la fonction p sur $[\alpha ; 2]$. Le tableau suivant résume les différentes étapes lors de l'exécution du programme en arrondissant les valeurs au dixième.

a	0	0,1	0,2	0,3	0,4	0,5	0,6
$p(a)$	7,0	7,5	7,8	8,1	8,4	8,5	8,6
$p(a + 0,1)$	7,5	7,8	8,1	8,4	8,5	8,6	8,5
Condition	Vraie	Vraie	Vraie	Vraie	Vraie	Vraie	Fausse

Ce programme affiche $[0,6 ; 0,7[$. Son rôle est d'afficher un intervalle d'amplitude 0,1 qui contient la valeur α.

2 Approcher la longueur d'une portion de courbe

Dans un repère orthonormé du plan, on considère la courbe $\mathscr{C}$ représentative de la fonction carré sur l'intervalle $[0 ; 0{,}6]$. En divisant cet intervalle en trois intervalles de même longueur, on place sur la courbe $\mathscr{C}$ les points A_0, A_1, A_2 et A_3 d'abscisses respectives 0 ; 0,2 ; 0,4 et 0,6.

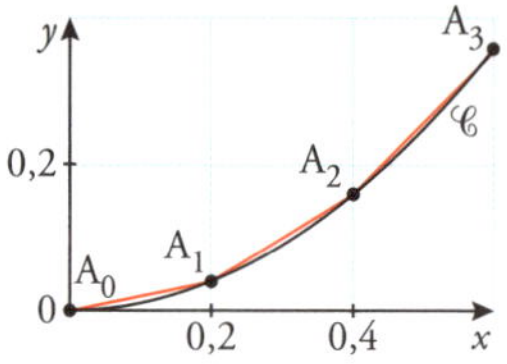

On considère alors l'algorithme ci-contre.

$S \leftarrow 0$
Pour k allant de 0 à 2
  $D \leftarrow \sqrt{0{,}2^2 + [0{,}04 \times (2k+1)]^2}$
  $S \leftarrow S + D$
FinPour

On estime que la longueur de la ligne polygonale $A_0A_1A_2A_3$ constitue une bonne approximation de la longueur de la courbe $\mathscr{C}$ et on admet qu'à la fin de l'exécution de l'algorithme, la variable S contient la longueur de cette ligne polygonale. Déterminer une valeur approchée à 10^{-3} près de la longueur de la courbe $\mathscr{C}$.

Conseils

Calculez les valeurs prises par les variables D et S pour chacune des valeurs successives de la variable k.

SOLUTION

$k = 0$	$D = \sqrt{0{,}2^2 + [0{,}04 \times (2 \times 0 + 1)]^2} = \sqrt{0{,}04 + 0{,}0016}$ $= \sqrt{0{,}0416}$ $S = 0 + D = \sqrt{0{,}0416}$
$k = 1$	$D = \sqrt{0{,}2^2 + [0{,}04 \times (2 \times 1 + 1)]^2} = \sqrt{0{,}04 + 0{,}0144}$ $= \sqrt{0{,}0544}$ $S = \sqrt{0{,}0416} + D = \sqrt{0{,}0416} + \sqrt{0{,}0544}$
$k = 2$	$D = \sqrt{0{,}2^2 + [0{,}04 \times (2 \times 2 + 1)]^2}$ $= \sqrt{0{,}04 + 0{,}04} = \sqrt{0{,}08}$ $S = \sqrt{0{,}0416} + \sqrt{0{,}0544} + D$ $= \sqrt{0{,}0416} + \sqrt{0{,}0544} + \sqrt{0{,}08}$

$S = \sqrt{0{,}0416} + \sqrt{0{,}0544} + \sqrt{0{,}08} \approx 0{,}720.$

La longueur de la courbe $\mathscr{C}$ est environ égale à 0,720.

Quiz EXPRESS 21

Avez-vous bien révisé les fiches 18 à 20 ? On vérifie !

Variations et extremums

1 Comparaison d'images

▶ FICHE 18

Une fonction f est strictement décroissante sur $\mathbb{R}$. Alors :

☐ **a.** $f(3) < f(4)$ ☐ **b.** $f(-2) < f(-3)$ ☐ **c.** $f(-5) < f(-1)$

2 Variations de fonctions

▶ FICHE 18

Soit g la fonction définie sur $\mathbb{R}$ par $g(x) = -3x + 7$.
Alors, sur $\mathbb{R}$, g est :

☐ **a.** strictement décroissante ☐ **b.** strictement croissante
☐ **c.** constante

3 Comparaison d'images à partir d'un tableau

▶ FICHE 18

On donne le tableau de variations d'une fonction h.

x	-2		-1		2		5
$h(x)$	4	↘	-5	↗	3	↘	-2

À l'aide de ce tableau de variations, on peut affirmer que :

☐ **a.** $h(3) > h(-1)$ ☐ **b.** $h(0) > h(1)$ ☐ **c.** $h(3) < h(4)$

4 Extremums

▶ FICHE 19

1. Le minimum de la fonction h de la question 3 sur $[-2 ; 2]$ est :

☐ **a.** -2 ☐ **b.** -5 ☐ **c.** -1

2. Le maximum de la fonction h de la question 3 sur $[-1 ; 5]$ est :

☐ **a.** 5 ☐ **b.** 4 ☐ **c.** 3

3. La fonction p définie sur $\mathbb{R}$ par $p(x) = 5 + 4(x + 3)^2$ admet :

☐ **a.** 5 pour minimum ☐ **b.** un maximum en -3
☐ **c.** 5 pour maximum

CORRIGÉS

1 Comparaison d'images

Réponse b.

La fonction f étant strictement décroissante sur $\mathbb{R}$.

Elle change l'ordre :

$-3 < -2 \Rightarrow f(-3) > f(-2)$.

2 Variations de fonctions

Réponse a.

Soient a et b deux réels avec $a < b$.

$$a < b \Rightarrow -3a > -3b$$
$$\Rightarrow -3a + 7 > -3b + 7$$

soit $g(a) > g(b)$.

3 Comparaison d'images à partir d'un tableau

Réponse a.

$h(3) \in [-2\,;3]$ et $h(-1) = -5$

donc $h(3) > h(-1)$.

4 Extremums

1. **Réponse b.**

La plus petite valeur de $h(x)$ sur l'intervalle $[-2\,;2]$ est -5.

2. **Réponse c.**

La plus grande valeur de $h(x)$ sur l'intervalle $[-1\,;5]$ est 3.

3. **Réponse a.**

Pour tout réel x, $p(x) = 5 + 4(x+3)^2 \geqslant 5 + 0 = 5 = p(-3)$.

5 est le minimum de p sur $\mathbb{R}$, atteint en -3.

Approfondir les fonctions affines 22

☐ OK

I Fonction affine et courbe représentative

- Une fonction f définie sur $\mathbb{R}$ est une fonction affine s'il existe des réels a et b tels que, pour tout réel x, on ait :

$$f(x) = ax + b$$

À noter !
Si $b = 0$, la fonction est linéaire.
Si $a = 0$, la fonction est constante.

Exemple : f et g définies sur $\mathbb{R}$ par $f(x) = 2x + 3$ et $g(x) = -4x + 1$ sont des fonctions affines ($a = 2$ et $b = 3$ pour f ; $a = -4$ et $b = 1$ pour g).

- Dans un repère du plan, la courbe représentative d'une fonction affine est une droite.

À noter !
Si $b = 0$, la droite passe par l'origine du repère.
Si $a = 0$, la droite est parallèle à l'axe des abscisses. ▶ FICHE 34

II Variations et signe d'une fonction affine

Soit f une fonction affine définie sur $\mathbb{R}$ par $f(x) = ax + b$.
Les variations et le signe de f dépendent du signe de a.

- Si $a > 0$, la fonction f est strictement croissante sur $\mathbb{R}$.

x	$-\infty$		$-\frac{b}{a}$		$+\infty$
Signe de $f(x)$		–	0	+	

- Si $a < 0$, la fonction f est strictement décroissante sur $\mathbb{R}$.

x	$-\infty$		$-\frac{b}{a}$		$+\infty$
Signe de $f(x)$		+	0	–	

- Si $a = 0$, la fonction f est constante sur $\mathbb{R}$.

Son signe est le signe de b.

Remarque : Si $a \neq 0$, la droite qui représente f dans un repère du plan coupe l'axe des abscisses au point de coordonnées $\left(-\frac{b}{a} ; 0\right)$.

Méthodes

1 Vérifier qu'un point appartient à une courbe

Les points A(– 2 ; 7) et B$\left(\frac{5}{3};6\right)$ appartiennent-ils à la courbe représentative $\mathscr{C}_f$ de la fonction affine $f : x \mapsto -3x+1$?

Conseils

Comparez pour chaque point l'image de son abscisse par *f* et son ordonnée.

SOLUTION

$f(x_A) = -3 \times (-2) + 1 = 7 = y_A$ donc $A \in \mathscr{C}_f$.

$f(x_B) = -3 \times \frac{5}{3} + 1 = -5 + 1 = -4$, $f(x_B) \neq y_B$ donc $B \notin \mathscr{C}_f$.

2 Résoudre une inéquation produit

Soit *q* la fonction définie sur $\mathbb{R}$ par $q(x) = (-x+4)(3x-27)$.

Pour quelle(s) valeur(s) de *x* la fonction *q* est-elle strictement négative ?

Conseils

Étudiez le signe de chaque facteur et pensez à la règle des signes.

SOLUTION

• $-x+4 = ax+b$ avec $a = -1 < 0$:

x	$-\infty$		4		$+\infty$
Signe de $-x+4$		+	0	–	

• $3x-27 = ax+b$ avec $a = 3 > 0$:

x	$-\infty$		9		$+\infty$
Signe de $3x-27$		–	0	+	

• On obtient le signe de $q(x)$ avec la règle des signes pour un produit :

x	$-\infty$		4		9		$+\infty$
Signe de $-x+4$		+	0	–		–	
Signe de $3x-27$		–		–	0	+	
Signe de $q(x)$		–	0	+	0	–	

La fonction *q* est donc strictement négative sur $]-\infty ; 4[\cup]9 ; +\infty[$.

Découvrir les fonctions carré et inverse

23

☐ OK

I La fonction carré

- La **fonction carré** est la fonction qui, à tout réel x, associe son carré x^2. Son ensemble de définition est l'ensemble $\mathbb{R}$ des réels.
- La fonction carré est strictement décroissante sur $]-\infty\,;0]$ et strictement croissante sur $[0\,;+\infty[$.
- La fonction carré est **paire**. Dans un repère orthogonal du plan, sa courbe représentative, qui est une **parabole**, admet ainsi un axe de symétrie (l'axe des ordonnées). ▶ DÉPLIANT P. VII

II La fonction inverse

- La **fonction inverse** est la fonction qui, à tout réel x non nul, associe son inverse $\frac{1}{x}$. Son ensemble de définition est l'ensemble des réels non nuls $]-\infty\,;0[\cup]0\,;+\infty[$ noté $\mathbb{R}^*$ ou encore $\mathbb{R}-\{0\}$.
- La fonction inverse est strictement décroissante sur $]-\infty\,;0[$ et sur $]0\,;+\infty[$.
- La fonction inverse est **impaire**. Dans un repère du plan, sa courbe représentative, qui est une **hyperbole**, admet un centre de symétrie (l'origine du repère). ▶ DÉPLIANT P. VII

À noter !

Pour indiquer que la fonction inverse n'est pas définie en zéro, une double barre est apposée dans les tableaux de variations et de signes.

Méthodes

1 Comparer des images

1. Comparer, sans calculs, les carrés de : $-\sqrt{5}\,;-8\,;-\frac{3}{2}$ et -1.
2. Comparer, sans calculs, les inverses de : $a=-4\,;b=\sqrt{2}\,;c=3$ et $d=-\frac{1}{2}$.

Conseils

Rangez, par ordre croissant, les nombres donnés. Utilisez les variations de la fonction carré ou de la fonction inverse sur un intervalle judicieusement choisi selon le signe de ces nombres.

SOLUTION

1. On a $-8 < -\sqrt{5} < -\frac{3}{2} < -1$.

Ces nombres étant tous négatifs, ils appartiennent à l'intervalle $]-\infty; 0]$. Comme la fonction carré est strictement décroissante sur cet intervalle, leurs images sont rangées dans le sens contraire :

$(-8)^2 > (-\sqrt{5})^2 > \left(-\frac{3}{2}\right)^2 > (-1)^2$.

2. On a $a < d < 0 < b < c$.

Comme $a < 0$ et $d < 0$, et que la fonction inverse est strictement décroissante sur $]-\infty; 0[$, leurs images sont rangées dans le sens contraire : $\frac{1}{a} > \frac{1}{d}$.

De même, comme $b > 0$ et $c > 0$, et que la fonction inverse est strictement décroissante sur $]0; +\infty[$, leurs images sont également rangées dans le sens contraire : $\frac{1}{b} > \frac{1}{c}$.

L'inverse d'un réel strictement positif (resp. négatif) étant strictement positif (resp. négatif), on en conclut que

$\frac{1}{d} < \frac{1}{a} < 0 < \frac{1}{c} < \frac{1}{b}$.

2 Déterminer les extremums d'une fonction

Soit f la fonction définie sur l'intervalle $[1; 3]$ par $f(x) = 7 - 2x^2$.

Déterminer les extremums de la fonction f sur $[1; 3]$.

Conseils

Partez de l'inégalité $1 \leqslant x \leqslant 3$ afin d'encadrer $f(x)$.

SOLUTION

Le réel x appartient à l'intervalle $[1; 3]$ inclus dans $[0; +\infty[$. Comme la fonction carré est strictement croissante sur $[0; +\infty[$, $1 \leqslant x^2 \leqslant 9$. En multipliant cette inégalité par le réel négatif -2, on obtient $-2 \geqslant -2x^2 \geqslant -18$. En ajoutant le réel 7 à chaque membre, on conclut que $5 \geqslant f(x) \geqslant -11$.

La fonction f admet ainsi -11 ($= f(3)$) comme minimum et 5 ($= f(1)$) comme maximum sur l'intervalle $[1; 3]$.

Découvrir les fonctions cube et racine carrée

24

☐ OK

I La fonction cube

- La **fonction cube** est la fonction qui, à tout réel x, associe son cube x^3. Son ensemble de définition est l'ensemble $\mathbb{R}$ des réels.
- La fonction cube est strictement croissante sur $\mathbb{R}$.

Exemples :

- Comme $-8 < 3$, les images de ces nombres par la fonction cube sont rangées dans le même ordre : $(-8)^3 < 3^3$.
En effet, $(-8)^3 = -512 < 27 = 3^3$.
- $-1\,728$ a un seul antécédent par la fonction cube qui est -12. En effet, $(-12)^3 = -1\,728$.

- La fonction cube est **impaire**. Dans un repère du plan, sa courbe représentative admet ainsi un centre de symétrie, l'origine du repère. ▶ DÉPLIANT P. VIII

Exemple : Soient les points A et B de coordonnées respectives $(4\,;\,12)$ et $(-2\,;-8)$ dans un repère du plan. Comme $(x_A)^3 = 4^3 = 64 \neq y_A = 12$, le point A n'appartient pas à la courbe représentative de la fonction cube. Par contre, le point B lui appartient.
En effet, on a : $(x_B)^3 = (-2)^3 = -8 = y_B$.

II La fonction racine carrée

- La **fonction racine carrée** est la fonction qui, à tout réel positif x, associe sa racine carrée $\sqrt{x}$. Son ensemble de définition est l'ensemble $\mathbb{R}^+ = [0\,;+\infty[$ des réels positifs. ▶ DÉPLIANT P. VIII
- La fonction racine carrée est strictement croissante sur $\mathbb{R}^+$.

Exemple : Comme $11 > 7$, les images de ces nombres par la fonction racine carrée sont rangées dans le même ordre : $\sqrt{11} > \sqrt{7}$.

À noter !

$1{,}414 < \sqrt{2} < 1{,}415$ et $1{,}732 < \sqrt{3} < 1{,}733$ sont des encadrements décimaux à 10^{-3} près de $\sqrt{2}$ et $\sqrt{3}$.

Méthodes

1 Étudier les positions relatives de deux courbes

Dans un repère du plan, on considère les courbes $\mathscr{C}$ et $\mathscr{P}$ représentatives des fonctions cube et carré.
Étudier les positions relatives de $\mathscr{C}$ et $\mathscr{P}$ sur $[0\,;+\infty[$.

Conseils
Étudiez le signe de la différence de $x^3 - x^2$ pour tout réel $x \geqslant 0$.

SOLUTION

Pour tout réel $x \geqslant 0$, $x^3 - x^2 = x^2 \times x - x^2 \times 1 = x^2 \times (x-1)$.

$x^3 - x^2 = 0 \Leftrightarrow x^2(x-1) = 0 \Leftrightarrow x^2 = 0$ ou $x - 1 = 0$

$\Leftrightarrow x = 0$ ou $x = 1$.

Les courbes $\mathscr{C}$ et $\mathscr{P}$ se coupent alors aux points d'abscisses 0 et 1.
Comme un carré est toujours positif, le signe de $x^3 - x^2$ dépend du signe de $x - 1$.

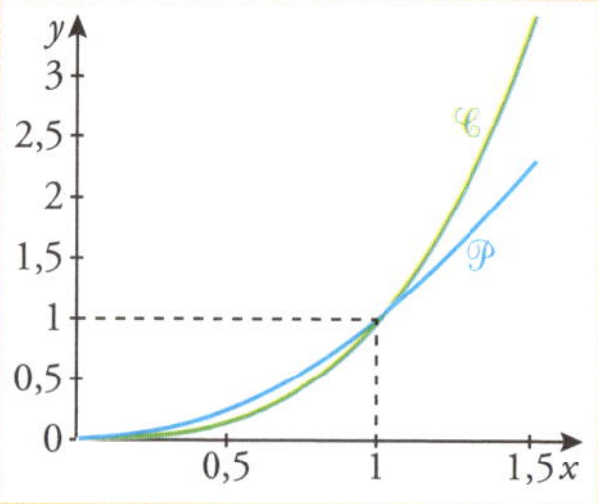

$x^3 - x^2 > 0 \Leftrightarrow x - 1 > 0 \Leftrightarrow x > 1 \Leftrightarrow x \in]1\,;+\infty[$.

$x^3 - x^2 < 0 \Leftrightarrow x - 1 < 0 \Leftrightarrow x < 1 \Leftrightarrow x \in]0\,;1[$.

Ainsi : sur $]1\,;+\infty[$, $x^3 - x^2 > 0 \Leftrightarrow x^3 > x^2$ et $\mathscr{C}$ est au-dessus de $\mathscr{P}$.
Sur $]0\,;1[$, $x^3 - x^2 < 0 \Leftrightarrow x^3 < x^2$ et $\mathscr{C}$ est en dessous de $\mathscr{P}$.

2 Étudier les variations d'une fonction

Soit h la fonction définie sur $\mathbb{R}^+$ par $h(x) = -2\sqrt{x} + 1$.

Démontrer que h est strictement décroissante sur $\mathbb{R}^+$.

Conseils
Partez de l'inégalité $a < b$ (a et b dans $\mathbb{R}^+$) et utilisez les variations de la fonction racine carrée.

SOLUTION

Soient a et b deux réels positifs tels que $a < b$.
Comme la fonction racine carrée est strictement croissante sur $\mathbb{R}^+$, on a : $\sqrt{a} < \sqrt{b}$. Puis : $-2\sqrt{a} > -2\sqrt{b}$.
Et enfin : $-2\sqrt{a} + 1 > -2\sqrt{b} + 1$, soit $h(a) > h(b)$.
Ainsi, pour tous réels positifs a et b, $a < b \Rightarrow h(a) > h(b)$.
La fonction h est donc strictement décroissante sur $\mathbb{R}^+$.

Quiz EXPRESS 25

Avez-vous bien révisé les fiches 22 à 24 ? On vérifie !

Fonctions de référence

1 Variation

▶ FICHE 22

La fonction qui, à tout réel x, associe $7 - 4x$ est :

☐ a. constante sur $\mathbb{R}$

☐ b. strictement croissante sur $\mathbb{R}$

☐ c. strictement décroissante sur $\mathbb{R}$

2 Signe

▶ FICHE 22

La fonction qui, à tout réel x, associe $2x - 10$ est positive sur :

☐ a. $]-\infty ; 5]$ ☐ b. $]-\infty ; +\infty[$ ☐ c. $[5 ; +\infty[$

3 Carré et inverse

▶ FICHE 23

1. Le carré d'un réel x appartenant à l'intervalle $[0,5 ; 3]$ est tel que :

☐ a. $1 \leqslant x^2 \leqslant 6$ ☐ b. $0,25 \leqslant x^2 \leqslant 9$ ☐ c. $1 \leqslant x^2 \leqslant 9$

2. Les inverses des réels $c = 2$ et $d = \sqrt{3}$ sont tels que :

☐ a. $\frac{1}{c} < \frac{1}{d}$ ☐ b. $\frac{1}{c} = \frac{1}{d}$ ☐ c. $\frac{1}{c} > \frac{1}{d}$

4 Cube et racine carrée

▶ FICHE 24

1. La fonction h définie sur $\mathbb{R}$ par $h(x) = 4x^3 - 1$ est :

☐ a. strictement décroissante sur $\mathbb{R}$

☐ b. constante sur $\mathbb{R}$

☐ c. strictement croissante sur $\mathbb{R}$.

2. x est un nombre réel appartenant à l'intervalle $[4 ; 9]$. Alors sa racine carrée est telle que :

☐ a. $2 \leqslant \sqrt{x} \leqslant 3$ ☐ b. $8 \leqslant \sqrt{x} \leqslant 18$ ☐ c. $16 \leqslant \sqrt{x} \leqslant 81$

CORRIGÉS

1 Variation

Réponse c.

La fonction est affine ($a = -4$ et $b = 7$).

Comme $a < 0$, cette fonction est strictement décroissante sur $\mathbb{R}$.

2 Signe

Réponse c.

La fonction est affine ($a = 2$ et $b = -10$).

Comme $a > 0$ et comme $-\frac{b}{a} = -\frac{-10}{2} = 5$, cette fonction est positive sur $[5\,;+\infty[$.

3 Carré et inverse

1. Réponse b.

Comme $x > 0$ et que la fonction carré est strictement croissante sur $[0\,;+\infty[$, les carrés sont rangés dans le même ordre :
$0{,}5 \leqslant x \leqslant 3$ implique $0{,}5^2 \leqslant x^2 \leqslant 3^2$.

2. Réponse a.

Comme $c > 0$, $d > 0$ et que la fonction inverse est strictement décroissante sur $]0\,;+\infty[$, les inverses sont rangés dans le sens contraire : $d < c$ implique $\frac{1}{d} > \frac{1}{c}$.

4 Cube et racine carrée

1. Réponse c.

Soient a et b réels tels que $a < b$. Comme la fonction cube est strictement croissante sur $\mathbb{R}$,

$$a < b \Rightarrow a^3 < b^3 \Rightarrow 4a^3 < 4b^3$$
$$\Rightarrow 4a^3 - 1 < 4b^3 - 1 \Rightarrow h(a) < h(b).$$

2. Réponse a.

Comme $[4\,;9] \subset \mathbb{R}^+$ et que la fonction racine carrée est strictement croissante sur $\mathbb{R}^+$, les racines carrées de réels positifs ordonnés sont rangées dans le même ordre que ces derniers :
$4 \leqslant x \leqslant 9$ implique $\sqrt{4} \leqslant \sqrt{x} \leqslant \sqrt{9}$, soit $2 \leqslant \sqrt{x} \leqslant 3$.

Découvrir la notion de vecteur

26

☐ OK

I Translation et vecteur

Soient A et B deux points du plan. La translation qui transforme A en B est la transformation qui, à tout point C du plan associe l'unique point D tel que les segments [AD] et [BC] aient même milieu.

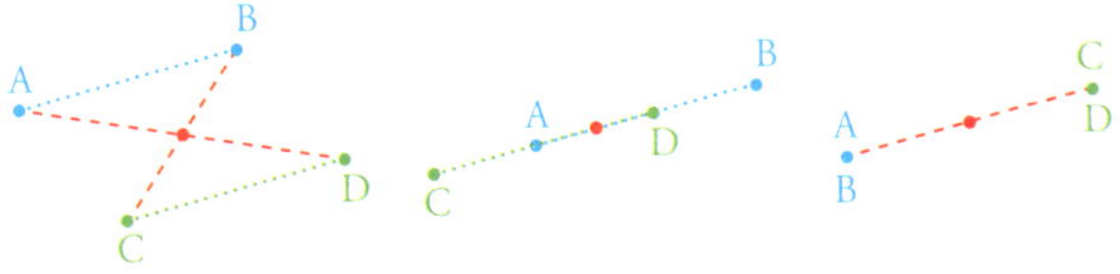

C n'appartient pas à (AB). C appartient à (AB).

Cette translation est appelée **translation de vecteur** $\overrightarrow{AB}$ et le point D est appelé l'**image** du point C par cette translation.

Remarques :

- Dans le cas où les points A et B sont distincts, le vecteur $\overrightarrow{AB}$ a trois caractéristiques : une **direction** (celle de (AB)) ; un **sens** (de A vers B) et une **norme** (notée $\|\overrightarrow{AB}\|$ qui est la longueur AB). Ce vecteur est représenté par une flèche d'origine A et d'extrémité B.
- Dans le cas où les points A et B sont confondus, le vecteur $\overrightarrow{AB}$ ou $\overrightarrow{AA}$ ou encore $\overrightarrow{BB}$ est appelé **vecteur nul** et est noté $\vec{0}$. Le vecteur nul a pour norme 0. Il n'a ni direction, ni sens.
- La translation qui transforme B en A est la translation de vecteur $\overrightarrow{BA}$. Ce vecteur noté aussi $-\overrightarrow{AB}$ est le **vecteur opposé** au vecteur $\overrightarrow{AB}$.

II Égalité de vecteurs

Soient A, B, C et D quatre points du plan.

Les vecteurs $\overrightarrow{AB}$ et $\overrightarrow{CD}$ sont **égaux** si et seulement si le quadrilatère ABDC est un **parallélogramme** (éventuellement aplati).

Dans ce cas, nous notons : $\overrightarrow{AB} - \overrightarrow{CD}$.

À noter !

$\overrightarrow{AI} = \overrightarrow{IB}$ si et seulement si I est le milieu du segment [AB].

Méthodes

1 Démontrer qu'un quadrilatère est un parallélogramme

Soient MNOP et OPQR deux parallélogrammes. Démontrer que le quadrilatère MNRQ est un parallélogramme.

Conseils

Démontrez que les vecteurs $\overrightarrow{MN}$ et $\overrightarrow{QR}$ sont égaux.

SOLUTION

- Comme MNOP est un parallélogramme, $\overrightarrow{MN} = \overrightarrow{PO}$. De même, comme OPQR est un parallélogramme, $\overrightarrow{PO} = \overrightarrow{QR}$.
- Puisque $\overrightarrow{MN} = \overrightarrow{PO}$ et $\overrightarrow{PO} = \overrightarrow{QR}$, alors $\overrightarrow{MN} = \overrightarrow{QR}$. Les vecteurs $\overrightarrow{MN}$ et $\overrightarrow{QR}$ étant égaux, le quadrilatère MNRQ est un parallélogramme.

À noter !

- Si ABDC est un parallélogramme, alors $\overrightarrow{AB} = \overrightarrow{CD}$.
- Si $\overrightarrow{AB} = \overrightarrow{CD}$, alors ABDC est un parallélogramme.

2 Démontrer qu'un quadrilatère est un losange

Soient EGO un triangle rectangle en O, et H et F les images respectives des points E et G par la symétrie de centre O. Démontrer que le quadrilatère HFEG est un losange.

Conseils

Utilisez la propriété suivante : « Si une symétrie centrale transforme A en A′ et B en B′, alors $\overrightarrow{A'B'} = -\overrightarrow{AB}$. »

SOLUTION

La symétrie centrale de centre O transforme E en H et G en F. On a alors l'égalité vectorielle suivante : $\overrightarrow{HF} = -\overrightarrow{EG}$. Le vecteur $-\overrightarrow{EG}$ est le vecteur opposé au vecteur $\overrightarrow{EG}$; il se note aussi $\overrightarrow{GE}$. Ainsi, $\overrightarrow{HF} = \overrightarrow{GE}$. Les vecteurs $\overrightarrow{HF}$ et $\overrightarrow{GE}$ étant égaux, le quadrilatère HFEG est un parallélogramme.
Puisque ses diagonales [EH] et [FG] sont perpendiculaires en O, HFEG est un losange.

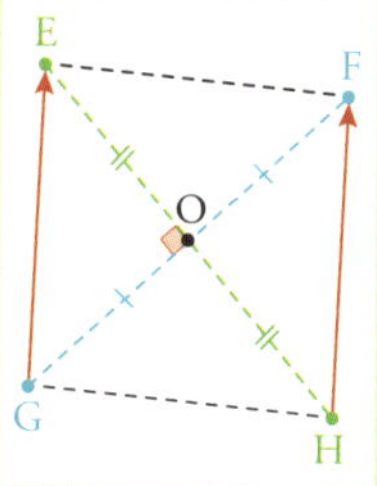

Effectuer des opérations sur les vecteurs

27

☐ OK

I Somme de vecteurs

- Soient $\vec{u}$ et $\vec{v}$ deux vecteurs. Le vecteur associé à la translation résultant de l'enchaînement des translations de vecteur $\vec{u}$ et de vecteur $\vec{v}$ est appelé somme des vecteurs $\vec{u}$ et $\vec{v}$. Il est noté $\vec{u}+\vec{v}$.
- Soient A, B et C trois points du plan.

• Relation de Chasles :

$$\overrightarrow{AB}+\overrightarrow{BC}=\overrightarrow{AC}$$

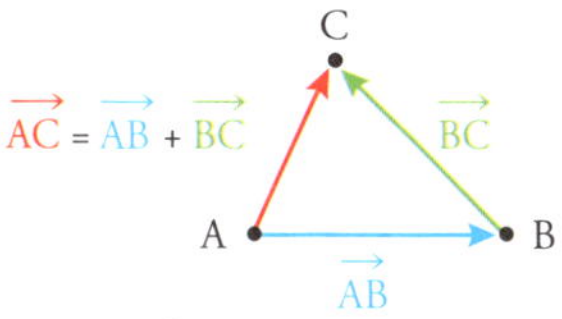

• Règle du parallélogramme :

$$\overrightarrow{AB}+\overrightarrow{AC}=\overrightarrow{AD}$$

D est le point tel que ABDC soit un parallélogramme.

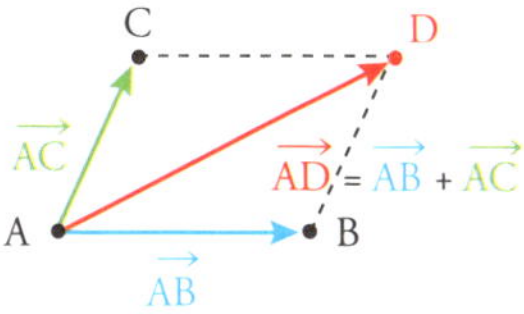

- Soient $\vec{u}$, $\vec{v}$ et $\vec{w}$ trois vecteurs.

$$\vec{u}+\vec{v}=\vec{v}+\vec{u} \text{ (commutativité)}$$

$$\vec{u}+\vec{0}=\vec{u}$$

$$(\vec{u}+\vec{v})+\vec{w}=\vec{u}+(\vec{v}+\vec{w}) \text{ (associativité)}$$

II Produit d'un vecteur par un réel

- Soient $\vec{u}$ un vecteur non nul, λ un réel non nul, A et B deux points tels que $\vec{u}=\overrightarrow{AB}$. Le produit du vecteur $\vec{u}$ par le réel λ se note $\lambda\vec{u}$. Ce vecteur $\lambda\vec{u}$ est associé à la translation qui transforme A en C tel que :

• cas $\lambda > 0$: $C \in [AB]$ et $AC = \lambda AB$;

• cas $\lambda < 0$: $C \in (AB)$, $C \notin [AB]$ et $AC = -\lambda AB$.

À noter !

• $\overrightarrow{AC}$ est appelé le représentant du vecteur $\lambda\vec{u}$ d'origine A et d'extrémité C.

• Si $\vec{u}=\vec{0}$ ou $\lambda = 0$, alors $\lambda\vec{u}$ est le vecteur nul.

- Soient $\vec{u}$ et $\vec{v}$ deux vecteurs, λ et λ' deux réels.

$$(\lambda+\lambda')\vec{u}=\lambda\vec{u}+\lambda'\vec{u}$$

$$\lambda(\lambda'\vec{u})=(\lambda\lambda')\vec{u}$$

$$\lambda(\vec{u}+\vec{v})=\lambda\vec{u}+\lambda\vec{v}$$

Méthodes

1 Construire un point vérifiant une égalité vectorielle

Soient ABC un triangle, I et J les milieux respectifs des segments [AB] et [AC]. Construire le point F tel que $\overrightarrow{AF} = 3\overrightarrow{AI} - \overrightarrow{AJ}$.

Conseils

Construisez les points D et E tels que $\overrightarrow{AD} = 3\overrightarrow{AI}$ et $\overrightarrow{AE} = -\overrightarrow{AJ}$, puis le point F.

SOLUTION

- Le point D vérifiant $\overrightarrow{AD} = 3\overrightarrow{AI}$ appartient à la demi-droite [AI) et AD = 3AI.
- Le point E vérifiant $\overrightarrow{AE} = -\overrightarrow{AJ}$ appartient à la droite (AJ) mais n'appartient pas à la demi-droite [AJ) et AE = – (– 1)AJ = AJ.
- Le point F vérifie $\overrightarrow{AF} = \overrightarrow{AD} + \overrightarrow{AE}$.

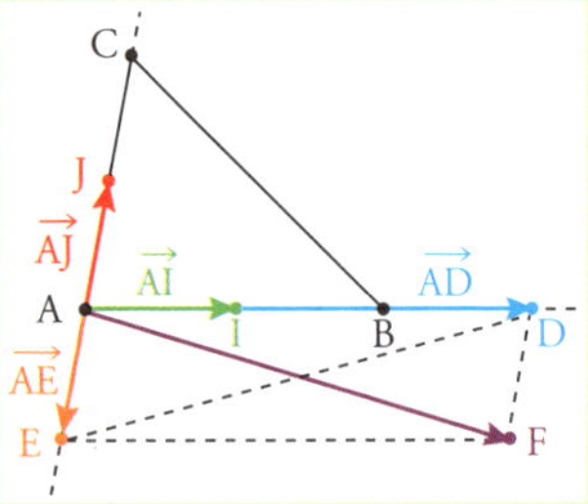

Ce point est placé tel que ADFE soit un parallélogramme.

2 Déterminer l'image d'une figure par une homothétie

CDEF est un parallélogramme de centre O. Les points C′, D′, E′ et F′ sont les images respectives de C, D, E et F par l'homothétie de centre O et de rapport 1,5. Déterminer la nature du quadrilatère C′D′E′F′.

Conseils

Utilisez la propriété suivante : « Si une homothétie de rapport λ transforme A en A′ et B en B′, alors $\overrightarrow{A'B'} = \lambda\overrightarrow{AB}$. »

SOLUTION

- L'homothétie est de rapport 1,5, alors : $\overrightarrow{C'D'} = 1{,}5\overrightarrow{CD}$ et $\overrightarrow{F'E'} = 1{,}5\overrightarrow{FE}$.
- CDEF étant un parallélogramme, $\overrightarrow{CD}$ et $\overrightarrow{FE}$ sont égaux. ▶ FICHE 26

Ainsi, $\overrightarrow{C'D'} = 1{,}5\overrightarrow{CD} = 1{,}5\overrightarrow{FE} = \overrightarrow{F'E'}$.

$\overrightarrow{C'D'}$ et $\overrightarrow{F'E'}$ étant égaux, C′D′E′F′ est un parallélogramme.

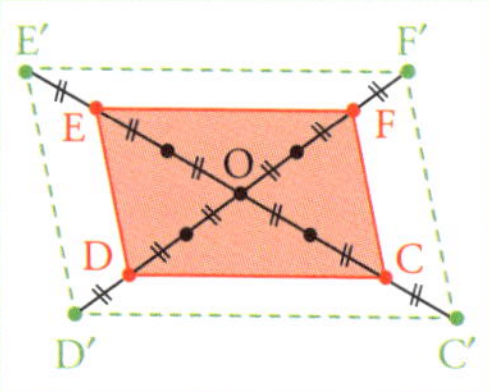

Repérer un point du plan

28

☐ OK

I Notion de repère et de base

La donnée de trois points non alignés O, I et J du plan définit un repère noté (O, I, J).

- Le point O est l'origine du repère.
- La droite (OI) orientée de O vers I est l'axe des abscisses.

La longueur OI indique l'unité sur cet axe.

- La droite (OJ) orientée de O vers J est l'axe des ordonnées.

La longueur OJ indique l'unité sur cet axe.

Le repère (O, I, J) peut se noter $(O\,;\vec{i},\vec{j})$ avec $\overrightarrow{OI}=\vec{i}$ et $\overrightarrow{OJ}=\vec{j}$.

$(\vec{i},\vec{j})$ forme une base des vecteurs du plan.

On a trois types de repères et de bases :

Repère quelconque **Base quelconque**	**Repère orthogonal** **Base orthogonale**	**Repère orthonormé** **Base orthonormée**
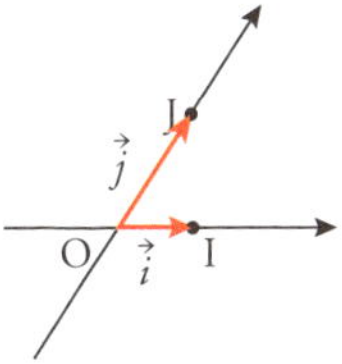	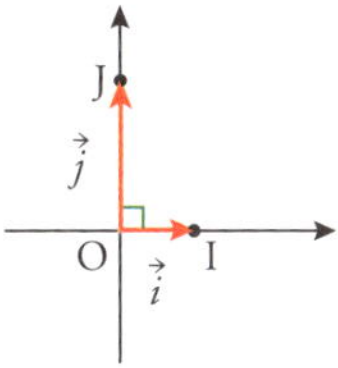	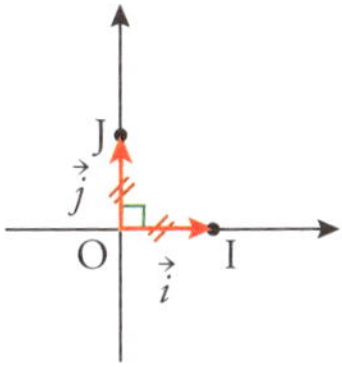
	(OI) ⊥ (OJ)	(OI) ⊥ (OJ) et OI = OJ

II Coordonnées d'un point

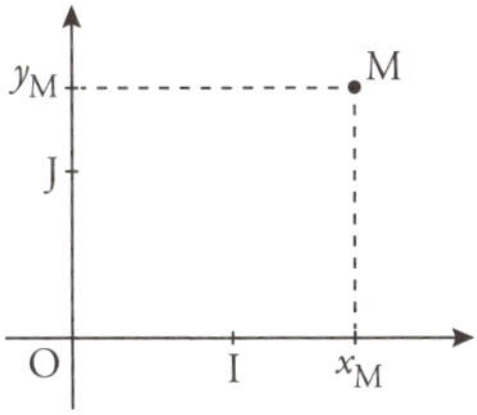

Soit (O, I, J) un repère du plan.

Tout point M du plan est repéré par un unique couple de réels $(x_M\,;\,y_M)$ qui sont les coordonnées du point M. Pour les obtenir, on trace les parallèles aux axes du repère passant par le point M et on lit les valeurs indiquées sur les axes du repère.

- Le nombre x_M est appelé l'abscisse du point M.
- Le nombre y_M est appelé l'ordonnée du point M.

Méthodes

1 Repérer un point du plan

Dans le repère orthonormé (O, I, J) ci-contre :

- construire la **tangente au cercle $\mathscr{C}$** de centre Ω passant par le point D ;
- lire les coordonnées des points d'intersection de cette tangente avec les axes du repère.

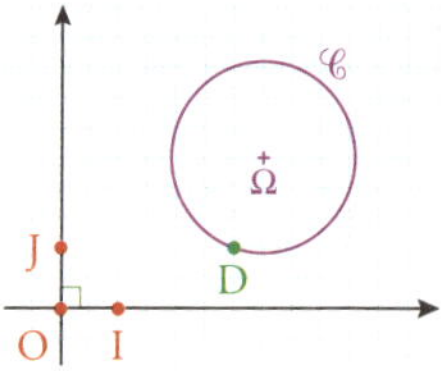

Conseils

Construisez la droite perpendiculaire au segment [ΩD] passant par le point D, puis identifiez les points d'intersection de cette droite avec les axes du repère.

SOLUTION

Appelons E le point d'intersection de la tangente et de l'axe des ordonnées. Les coordonnées de E sont : E(0 ; 2).
Appelons F le point d'intersection de la tangente et de l'axe des abscisses. Les coordonnées de F sont : F(6 ; 0).

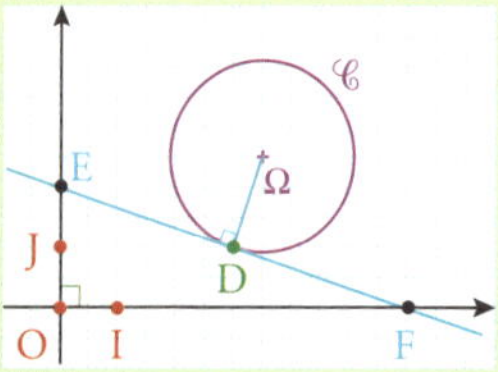

2 Placer un point dans un repère du plan

Placer dans un repère (O, I, J) quelconque du plan les points C(3 ; 2), D(1,5 ; – 2) et G(– 2 ; 3).

Conseils

N'oubliez pas de tracer des parallèles aux axes du repère.

SOLUTION

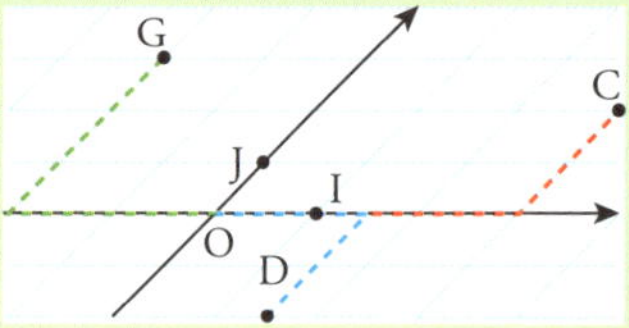

Exploiter les coordonnées de vecteurs

29

☐ OK

Le plan est muni d'un repère (O, I, J).

I Coordonnées d'un vecteur

- Soit $\vec{u}$ un vecteur. Les coordonnées du vecteur $\vec{u}$ sont les coordonnées du point M tel que $\vec{u} = \overrightarrow{OM}$.

Exemple :

Soient $\vec{u}$ et $\vec{v}$ deux vecteurs, M et N les points du plan tels que $\vec{u} = \overrightarrow{OM}$ et $\vec{v} = \overrightarrow{ON}$.

Par lecture graphique :

$\vec{u}$ a pour coordonnées $(4\,;1)$;

$\vec{v}$ a pour coordonnées $(3\,;-2)$.

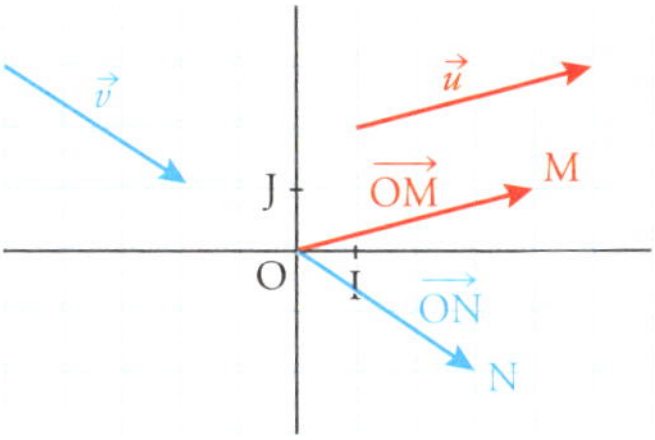

- Soient $A(x_A\,;y_A)$ et $B(x_B\,;y_B)$ deux points du plan.

Le vecteur $\overrightarrow{AB}$ a pour coordonnées $(x_B - x_A\,;y_B - y_A)$.

- Deux vecteurs sont **égaux** si et seulement si ces vecteurs ont les **mêmes coordonnées**.

II Coordonnées de vecteurs et opérations

- Soient $\vec{u}$ et $\vec{v}$ deux vecteurs de coordonnées respectives $(x\,;y)$ et $(x'\,;y')$. Le vecteur $\vec{u} + \vec{v}$ a pour coordonnées $(x + x'\,;y + y')$.

- Soient $\vec{u}$ un vecteur de coordonnées $(x\,;y)$ et λ un réel.

Le vecteur $\lambda\vec{u}$ a pour coordonnées $(\lambda x\,;\lambda y)$.

Méthodes

1 Justifier la nature d'un quadrilatère

On considère les points $A(-4\,;3)$, $B(2\,;-1)$, $C(6\,;9)$ et $D(12\,;5)$. Démontrer que le quadrilatère ABDC est un parallélogramme.

Conseils

Calculez les coordonnées des vecteurs $\overrightarrow{AB}$ et $\overrightarrow{CD}$ puis comparez-les.

SOLUTION

- Le vecteur $\overrightarrow{AB}$ a pour coordonnées :
$(x_B - x_A\ ; y_B - y_A) = (2-(-4)\ ; -1-3) = (6\ ; -4)$.
- Le vecteur $\overrightarrow{CD}$ a pour coordonnées :
$(x_D - x_C\ ; y_D - y_C) = (12-6\ ; 5-9) = (6\ ; -4)$.
- Comme $\overrightarrow{AB}$ et $\overrightarrow{CD}$ ont les mêmes coordonnées, $\overrightarrow{AB} = \overrightarrow{CD}$. Ainsi ABDC est un parallélogramme. ▶ FICHE 26

2 Déterminer les coordonnées d'un point

Soient les points $E(-5\,;-3)$, $F(11\,;1)$ et $H(-4\,;6)$.

Déterminer les coordonnées de G telles que EFGH soit un parallélogramme.

Conseils

Calculez les coordonnées de $\overrightarrow{EF}$, $\overrightarrow{EH}$ et $\overrightarrow{EF} + \overrightarrow{EH}$.

Exprimez les coordonnées de $\overrightarrow{EG}$ en fonction des coordonnées de G puis concluez à l'aide de la règle du parallélogramme.

SOLUTION

- $\overrightarrow{EF}$ a pour coordonnées : $\begin{pmatrix} x_F - x_E \\ y_F - y_E \end{pmatrix} = \begin{pmatrix} 11-(-5) \\ 1-(-3) \end{pmatrix} = \begin{pmatrix} 16 \\ 4 \end{pmatrix}$.
- $\overrightarrow{EH}$ a pour coordonnées : $\begin{pmatrix} x_H - x_E \\ y_H - y_E \end{pmatrix} = \begin{pmatrix} -4-(-5) \\ 6-(-3) \end{pmatrix} = \begin{pmatrix} 1 \\ 9 \end{pmatrix}$.
- $\overrightarrow{EF} + \overrightarrow{EH}$ a pour coordonnées : $\begin{pmatrix} x_{\overrightarrow{EF}} + x_{\overrightarrow{EH}} \\ y_{\overrightarrow{EF}} + y_{\overrightarrow{EH}} \end{pmatrix} = \begin{pmatrix} 16+1 \\ 4+9 \end{pmatrix} = \begin{pmatrix} 17 \\ 13 \end{pmatrix}$.
- $\overrightarrow{EG}$ a pour coordonnées :
$\begin{pmatrix} x_G - x_E \\ y_G - y_E \end{pmatrix} = \begin{pmatrix} x_G-(-5) \\ y_G-(-3) \end{pmatrix} = \begin{pmatrix} x_G+5 \\ y_G+3 \end{pmatrix}$.

D'après la règle du parallélogramme, le point G vérifie l'égalité vectorielle $\overrightarrow{EG} = \overrightarrow{EF} + \overrightarrow{EH}$.

Les vecteurs $\overrightarrow{EG}$ et $\overrightarrow{EF} + \overrightarrow{EH}$ étant égaux, ils ont les mêmes coordonnées. Ainsi, $x_G + 5 = 17$ et $y_G + 3 = 13$, ce qui implique que $x_G = 12$ et $y_G = 10$. ▶ FICHE 27

Calculer dans un repère

30

☐ OK

Sauf indication contraire, le plan est muni d'un repère quelconque $(O\,;\vec{i},\vec{j})$.

I Milieu d'un segment

Soient $A(x_A\,;y_A)$ et $B(x_B\,;y_B)$ deux points du plan.
Le milieu M du segment [AB] a pour coordonnées :

$$x_M = \frac{x_A + x_B}{2} \quad \text{et} \quad y_M = \frac{y_A + y_B}{2}$$

Exemple : On donne $R(-2\,;7)$ et $V(3\,;-1)$. Le milieu M de [RV] a pour coordonnées $x_M = \frac{x_R + x_V}{2} = \frac{-2+3}{2} = 0{,}5$ et $y_M = \frac{y_R + y_V}{2} = \frac{7+(-1)}{2} = 3$.

II Distance entre deux points, norme d'un vecteur

Le repère $(O\,;\vec{i},\vec{j})$ est ici orthonormé.

- Soient $A(x_A\,;y_A)$ et $B(x_B\,;y_B)$ deux points du plan. La distance entre A et B est la longueur du segment [AB]. Elle est égale à :

$$AB = \sqrt{(x_B - x_A)^2 + (y_B - y_A)^2}$$

- Soit $\vec{u}$ un vecteur de coordonnées $(x\,;y)$. La norme du vecteur $\vec{u}$ est notée $\|\vec{u}\|$ et est égale à :

$$\|\vec{u}\| = \sqrt{x^2 + y^2}$$

▶ FICHE 26

Exemple : On donne $\vec{u}(-5\,;-2)$. La norme de $\vec{u}$ est :

$\|\vec{u}\| = \sqrt{(-5)^2 + (-2)^2} = \sqrt{29}$.

Méthodes

1 Déterminer la nature d'un quadrilatère

On donne les points $C(4\,;2)$, $H(3\,;-2)$, $R(-3\,;-1)$ et $L(-2\,;3)$.
Démontrer que CHRL est un parallélogramme.

Conseils

Démontrez que les diagonales de CHRL se coupent en leur milieu.

SOLUTION

Le milieu M de [CR] a pour coordonnées :

$$x_M = \frac{x_C + x_R}{2} = \frac{4+(-3)}{2} = 0{,}5$$

et $y_M = \dfrac{y_C + y_R}{2} = \dfrac{2+(-1)}{2} = 0{,}5$.

Le milieu N de [LH] a pour coordonnées :

$$x_N = \frac{x_L + x_H}{2} = \frac{(-2)+3}{2} = 0{,}5$$

et $y_N = \dfrac{y_L + y_H}{2} = \dfrac{3+(-2)}{2} = 0{,}5$.

Comme M et N ont les mêmes coordonnées, ils sont confondus. Les diagonales [CR] et [LH] du quadrilatère CHRL se coupent ainsi en leur milieu. CHRL est donc un parallélogramme.

2 Déterminer la nature d'un triangle

Dans un repère orthonormé du plan, on considère les points $A(2;2)$, $B(-2;1)$ et $C(4;-6)$. Démontrer que le triangle ABC est rectangle en A et en déduire les coordonnées du centre Ω du cercle circonscrit à ABC.

Conseils

Pensez à utiliser la réciproque du théorème de Pythagore.

SOLUTION

$$AB = \sqrt{(x_B - x_A)^2 + (y_B - y_A)^2} = \sqrt{(-2-2)^2 + (1-2)^2}$$
$$= \sqrt{(-4)^2 + (-1)^2} = \sqrt{17}$$
$$AC = \sqrt{(x_C - x_A)^2 + (y_C - y_A)^2} = \sqrt{(4-2)^2 + (-6-2)^2}$$
$$= \sqrt{2^2 + (-8)^2} = \sqrt{68}$$
$$BC = \sqrt{(x_C - x_B)^2 + (y_C - y_B)^2} = \sqrt{(4-(-2))^2 + (-6-1)^2}$$
$$= \sqrt{6^2 + (-7)^2} = \sqrt{85}$$

Comme $AB^2 + AC^2 = 17 + 68 = 85 = BC^2$, d'après la réciproque du théorème de Pythagore, le triangle ABC est rectangle en A.

Ω, milieu de l'hypoténuse [BC], a pour coordonnées :

$x_\Omega = \dfrac{x_B + x_C}{2} = 1$ et $y_\Omega = \dfrac{y_B + y_C}{2} = -2{,}5$.

Méthodes

1 Calculer les coordonnées d'un symétrique

Dans le plan muni d'un repère, on donne les points $A(x_A ; y_A)$ et $B(x_B ; y_B)$. Écrire une fonction en Python dont les arguments sont les coordonnées des points A et B, et qui renvoie les coordonnées du symétrique S de B par rapport à A.

Conseils
Remarquez que A est le milieu du segment [BS].

SOLUTION
Si S est le symétrique de B par rapport à A, alors A est le milieu de [BS]. Par passage aux coordonnées, on obtient :

$$x_A = \frac{x_B + x_S}{2} \Leftrightarrow 2x_A - x_B = x_S \text{ et } y_A = \frac{y_B + y_S}{2} \Leftrightarrow 2y_A - y_B = y_S.$$

Une fonction en Python renvoyant les coordonnées de S est, par exemple :

```
def symetrique(x_A,y_A,x_B,y_B) :
    x_S=2*x_A-x_B
    y_S=2*y_A-y_B
    return(x_S,y_S)
```

2 Vérifier qu'un point appartient à une médiatrice

On considère la fonction Mediatrice ci-contre dont les arguments sont les coordonnées respectives $(x_A ; y_A)$, $(x_B ; y_B)$ et $(x_C ; y_C)$ de points A, B et C dans le plan muni d'un repère orthonormé.

```
Fonction Mediatrice(x_A,y_A,x_B,y_B,x_C,y_C)
  SI ...... = ......
    ALORS renvoyer « vrai »
    SINON renvoyer « faux »
  FINSI
```

Compléter cette fonction afin qu'elle renvoie le booléen « vrai » si le point C appartient à la médiatrice du segment [AB], le booléen « faux » sinon.

Conseils
Un point appartient à la médiatrice du segment [AB] si et seulement si ce point est à égale distance des points A et B.

SOLUTION

Si C appartient à la médiatrice de $[AB]$, alors les distances AC et BC sont égales. Une distance étant un nombre réel positif, ceci est par suite équivalent à « les nombres AC^2 et BC^2 sont égaux ». Par passage aux coordonnées, on obtient :

$$AC = BC \Leftrightarrow AC^2 = BC^2$$
$$\Leftrightarrow (x_C - x_A)^2 + (y_C - y_A)^2 = (x_C - x_B)^2 + (y_C - y_B)^2.$$

La ligne complétée de la fonction Mediatrice est, par exemple :

$$\text{SI}(x_C - x_A)^2 + (y_C - y_A)^2 = (x_C - x_B)^2 + (y_C - y_B)^2$$

3 Calculer les coordonnées d'un centre de gravité

Dans un triangle ABC, les médianes sont concourantes en un point noté généralement G et appelé centre de gravité. Dans le plan muni d'un repère (O, I, J), ce centre de gravité vérifie l'égalité vectorielle suivante : $\overrightarrow{OG} = \frac{1}{3}\left(\overrightarrow{OA} + \overrightarrow{OB} + \overrightarrow{OC}\right)$. Écrire une fonction en Python dont les arguments sont les coordonnées respectives $(x_A\,;y_A)$, $(x_B\,;y_B)$ et $(x_C\,;y_C)$ de A, B et C et qui renvoie les coordonnées de G.

Conseils

Écrivez l'égalité vectorielle à l'aide des coordonnées des points.

SOLUTION

L'origine O du repère a pour coordonnées $(0\,;0)$.

Le vecteur $\overrightarrow{OA}$ a ainsi pour coordonnées $(x_A\,;y_A)$.

Il découle de l'égalité vectorielle que :

$$x_G = \frac{x_A + x_B + x_C}{3} \text{ et } y_G = \frac{y_A + y_B + y_C}{3}.$$

Une fonction en Python renvoyant les coordonnées de G est, par exemple :

```
def gravite(x_A,y_A,x_B,y_B,x_C,y_C) :
    x_G=(x_A+x_B+x_C)/3
    y_G=(y_A+y_B+y_C)/3
    return(x_G,y_G)
```

Quiz EXPRESS 32

Avez-vous bien révisé les fiches 26 à 31 ? On vérifie !

Vecteurs et repérage

1 Vecteurs sans repère

FICHES 26 ET 27

1. Si STUV est un parallélogramme, alors

☐ **a.** $\overrightarrow{ST} = \overrightarrow{UV}$ ☐ **b.** $\overrightarrow{VT} = \overrightarrow{US}$ ☐ **c.** $\overrightarrow{SV} = \overrightarrow{TU}$

2. Le vecteur $2\left(\overrightarrow{AB} - \overrightarrow{AC}\right) + 3\overrightarrow{BC}$ est égal au vecteur :

☐ **a.** $\overrightarrow{BC}$ ☐ **b.** $-\overrightarrow{BC}$ ☐ **c.** $5\overrightarrow{BC}$

2 Vecteurs et repères

FICHES 28 ET 29

Le plan est muni d'un repère (O, I, J).

1. Le point J a pour coordonnées :

☐ **a.** J(1 ; 1) ☐ **b.** J(1 ; 0) ☐ **c.** J(0 ; 1)

2. Soient A(1 ; – 3), B(– 2 ; 7) et C(5 ; 9).

Le vecteur $2\overrightarrow{AC} - \overrightarrow{AB}$ a pour coordonnées :

☐ **a.** (11 ; 14) ☐ **b.** (12 ; 11) ☐ **c.** (13 ; 8)

3 Milieu et longueur

FICHE 30

1. Le plan est muni d'un repère (O, I, J).

Soient C(– 3 ; 4), D(4 ; 2) et E(1 ; – 2). Les coordonnées du point F tel que CDEF soit un parallélogramme sont :

☐ **a.** (– 2 ; 2)

☐ **b.** (4 ; – 6)

☐ **c.** (– 6 ; 0)

2. Dans un repère (O, I, J) orthonormé, soient R(– 1 ; 3), S(6 ; – 2) et T(9 ; 17). Le triangle RST est :

☐ **a.** quelconque

☐ **b.** rectangle

☐ **c.** équilatéral

CORRIGÉS

1 Vecteurs sans repère

1. Réponse c.

Comme STUV ou encore SVUT est un parallélogramme, alors les vecteurs $\overrightarrow{SV}$ et $\overrightarrow{TU}$ sont égaux.

2. Réponse a.

$$2\left(\overrightarrow{AB}-\overrightarrow{AC}\right)+3\overrightarrow{BC}=2\left(\overrightarrow{CA}+\overrightarrow{AB}\right)+3\overrightarrow{BC}=2\overrightarrow{CB}+3\overrightarrow{BC}$$
$$=-2\overrightarrow{BC}+3\overrightarrow{BC}=\overrightarrow{BC}.$$

2 Vecteurs et repères

1. Réponse c.

J appartient à l'axe des ordonnées : son abscisse x_J est égale à 0.

2. Réponse a.

$$\overrightarrow{AB}\begin{pmatrix}x_B-x_A\\y_B-y_A\end{pmatrix}=\begin{pmatrix}-2-1\\7-(-3)\end{pmatrix}=\begin{pmatrix}-3\\10\end{pmatrix}$$

$$\overrightarrow{AC}\begin{pmatrix}x_C-x_A\\y_C-y_A\end{pmatrix}=\begin{pmatrix}5-1\\9-(-3)\end{pmatrix}=\begin{pmatrix}4\\12\end{pmatrix}$$

$$2\overrightarrow{AC}-\overrightarrow{AB}\begin{pmatrix}2x_{\overrightarrow{AC}}-x_{\overrightarrow{AB}}\\2y_{\overrightarrow{AC}}-y_{\overrightarrow{AB}}\end{pmatrix}=\begin{pmatrix}2\times4-(-3)\\2\times12-10\end{pmatrix}=\begin{pmatrix}11\\14\end{pmatrix}.$$

3 Milieu et longueur

1. Réponse c.

CDEF est un parallélogramme si et seulement si [CE] et [DF] ont le même milieu. Par passage aux coordonnées,

$$\frac{x_C+x_E}{2}=\frac{x_D+x_F}{2}\Leftrightarrow -3+1=4+x_F\Leftrightarrow -6=x_F$$

$$\frac{y_C+y_E}{2}=\frac{y_D+y_F}{2}\Leftrightarrow 4+(-2)=2+y_F\Leftrightarrow 0=y_F.$$

2. Réponse b.

$$RS=\sqrt{\left(x_R-x_S\right)^2+\left(y_R-y_S\right)^2}=\sqrt{(-1-6)^2+(3+2)^2}=\sqrt{74}$$

Similairement, $RT=\sqrt{296}$ et $ST=\sqrt{370}$.

Comme $RT^2+RS^2=ST^2$, d'après la réciproque du théorème de Pythagore, le triangle est rectangle en R.

Définir et utiliser la notion de colinéarité

33

☐ OK

I Définition

Deux vecteurs du plan sont colinéaires si l'un est le produit de l'autre par un réel. Les deux vecteurs $\vec{u}$ et $\vec{v}$ sont colinéaires s'il existe un nombre réel λ tel que $\vec{v} = \lambda\vec{u}$. ▶ FICHE 27

Exemple : Dans un repère du plan, les vecteurs $\vec{u}(-5\,;3)$ et $\vec{v}(10\,;-6)$ sont colinéaires car $\vec{v} = -2\vec{u}$.

Remarques :

- Le vecteur nul $\vec{0}$ est colinéaire à tout vecteur $\vec{u}$ du plan : $\vec{0} = 0 \times \vec{u}$.
- Des vecteurs colinéaires non nuls ont la même direction. ▶ FICHE 26

II Colinéarité dans un repère orthonormé

Le plan est muni d'un repère orthonormé $\left(O\,;\vec{i},\vec{j}\right)$. ▶ FICHE 28

- Le déterminant des vecteurs $\vec{u}(x\,;y)$ et $\vec{v}(x'\,;y')$ dans la base orthonormée $\left(\vec{i},\vec{j}\right)$, noté $\det\left(\vec{u},\vec{v}\right)$ ou $\begin{vmatrix} x & x' \\ y & y' \end{vmatrix}$ est le nombre défini par $\det\left(\vec{u},\vec{v}\right) = \begin{vmatrix} x & x' \\ y & y' \end{vmatrix} = x \times y' - y \times x'$.

- Les vecteurs $\vec{u}(x\,;y)$ et $\vec{v}(x'\,;y')$ sont colinéaires si et seulement si $\det\left(\vec{u},\vec{v}\right) = 0$.

Exemple : Les vecteurs $\vec{u}\left(-2\,;\sqrt{3}\right)$ et $\vec{v}\left(-8\sqrt{3}\,;12\right)$ sont colinéaires car

$$\det\left(\vec{u},\vec{v}\right) = \begin{vmatrix} -2 & -8\sqrt{3} \\ \sqrt{3} & 12 \end{vmatrix} = -2 \times 12 - \sqrt{3} \times \left(-8\sqrt{3}\right)$$

$$= -24 + 8 \times \left(\sqrt{3}\right)^2 = 0.$$

III Colinéarité et parallélisme

- Trois points A, B et C sont alignés si et seulement si les vecteurs $\overrightarrow{AB}$ et $\overrightarrow{AC}$ sont colinéaires.
- Deux droites (AB) et (CD) sont parallèles si et seulement si les vecteurs $\overrightarrow{AB}$ et $\overrightarrow{CD}$ sont colinéaires.

Méthodes

1 Démontrer un alignement dans un repère

Dans un repère orthonormé du plan, on donne les points A(7 ; – 11), B(3 ; – 5) et C(– 3 ; 4). Démontrer que les points A, B et C sont alignés.

Conseils

Calculez les coordonnées des vecteurs $\overrightarrow{AB}$ et $\overrightarrow{AC}$. Démontrez ensuite que ces vecteurs sont colinéaires à l'aide d'un déterminant.

SOLUTION

$\overrightarrow{AB}\begin{pmatrix} x_B - x_A \\ y_B - y_A \end{pmatrix} = \begin{pmatrix} 3-7 \\ -5-(-11) \end{pmatrix} = \begin{pmatrix} -4 \\ 6 \end{pmatrix}$ et $\overrightarrow{AC}\begin{pmatrix} x_C - x_A \\ y_C - y_A \end{pmatrix} = \begin{pmatrix} -10 \\ 15 \end{pmatrix}$

$\det\left(\overrightarrow{AB}, \overrightarrow{AC}\right) = \begin{vmatrix} -4 & -10 \\ 6 & 15 \end{vmatrix} = -4 \times 15 - 6 \times (-10) = 0$ donc $\overrightarrow{AB}$ et $\overrightarrow{AC}$ sont colinéaires. Cela implique que les points A, B et C sont alignés.

2 Démontrer un parallélisme sans repère

Soient ABC un triangle, et E et F les points tels que $\overrightarrow{AE} = \overrightarrow{AB} + 3\overrightarrow{AC}$ et $\overrightarrow{AF} = 3\overrightarrow{AB} + \overrightarrow{AC}$. Démontrer que les droites (EF) et (CB) sont parallèles.

Conseils

Décomposez $\overrightarrow{EF}$ grâce à la relation de Chasles pour démontrer que $\overrightarrow{EF}$ et $\overrightarrow{CB}$ sont colinéaires.

SOLUTION

Par la relation de Chasles, $\overrightarrow{EF} = \overrightarrow{EA} + \overrightarrow{AF}$.

Comme $\overrightarrow{EA} = -\overrightarrow{AE}$ (vecteurs opposés) ▶ FICHE 26, nous avons :

$\overrightarrow{EF} = -\overrightarrow{AE} + \overrightarrow{AF} = -\left(\overrightarrow{AB} + 3\overrightarrow{AC}\right) + \left(3\overrightarrow{AB} + \overrightarrow{AC}\right) = 2\overrightarrow{AB} - 2\overrightarrow{AC}$. Or,

$$\begin{aligned} 2\overrightarrow{AB} - 2\overrightarrow{AC} &= 2\left(\overrightarrow{AB} - \overrightarrow{AC}\right) \\ &= 2\left(\overrightarrow{AB} + \overrightarrow{CA}\right) \\ &= 2\left(\overrightarrow{CA} + \overrightarrow{AB}\right) \\ &= 2\overrightarrow{CB}. \end{aligned}$$

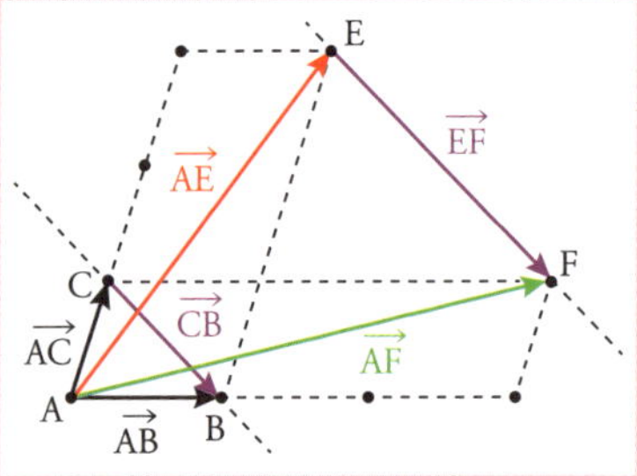

Comme $\overrightarrow{EF} = 2\overrightarrow{CB}$, les vecteurs $\overrightarrow{EF}$ et $\overrightarrow{CB}$ sont colinéaires. Cela implique que les droites (EF) et (CB) sont parallèles.

Aborder les équations de droites 34

☐ OK

Le plan est muni d'un repère orthonormé.

I Équation cartésienne d'une droite

- Un vecteur directeur d'une droite (d) est un vecteur colinéaire au vecteur $\overrightarrow{AB}$ où A et B sont deux points distincts de (d).

- a, b et c sont trois réels, a et b **n'étant pas simultanément nuls.**

Toute droite (d) du plan a une équation de la forme $ax + by + c = 0$, appelée équation cartésienne de (d).

Réciproquement, toute relation de la forme $ax + by + c = 0$ est l'équation d'une droite (d) du plan, de vecteur directeur $\vec{u}(-b\,; a)$.

Remarques :

- Si $a \neq 0$ et $b = 0$, $ax + by + c = 0$ peut s'écrire $x = k$ $(k \in \mathbb{R})$, c'est l'équation d'une droite (d) où $(d)//(\mathrm{O}y)$.
- Si $a = 0$ et $b \neq 0$, $ax + by + c = 0$ peut s'écrire $y = l$ $(l \in \mathbb{R})$, c'est l'équation d'une droite (d) où $(d)//(\mathrm{O}x)$.

À noter !

$(\mathrm{O}x)$ et $(\mathrm{O}y)$ désignent respectivement l'axe des abscisses et l'axe des ordonnées.

- Une équation cartésienne d'une droite (d) est une relation satisfaite par les coordonnées x et y de tous les points de (d) et eux seuls.

Exemple : Le point $A(-1;2)$ appartient à la droite d'équation cartésienne $2x + 3y - 4 = 0$ car $2x_A + 3y_A - 4 = 2 \times (-1) + 3 \times 2 - 4 = 0$.

II Droite non parallèle à l'axe des ordonnées

(d) est une droite d'équation cartésienne $ax + by + c = 0$.

- Si $b \neq 0$, (d) n'est pas parallèle à l'axe des ordonnées et la relation $ax + by + c = 0$ peut s'écrire sous la forme $y = mx + p$ où m et p sont deux réels ; $y = mx + p$ est appelée l'équation réduite de (d).

- Si $A(x_A\,; y_A)$ et $B(x_B\,; y_B)$ sont deux points distincts d'une droite (d) d'équation $y = mx + p$ (on a nécessairement $x_A \neq x_B$), alors :

m : pente (ou coefficient directeur)	p : ordonnée à l'origine
$m = \dfrac{y_B - y_A}{x_B - x_A}$	$p = y_A - m \times x_A$ ou $p = y_B - m \times x_B$

Méthodes

1 Déterminer algébriquement une équation de droite

Soient A(1;4), B(4;8), E(1;−5) et F(−3;3). Déterminer une équation cartésienne de (AB) et l'équation réduite de (EF).

Conseils

Exploitez le déterminant de deux vecteurs pour déterminer une équation cartésienne de (AB).

SOLUTION

• $M(x\,;y)\in(AB) \Leftrightarrow \overrightarrow{AM}$ et $\overrightarrow{AB}$ sont colinéaires $\Leftrightarrow \det(\overrightarrow{AM}, \overrightarrow{AB})=0$.

Puisque $\overrightarrow{AM}(x-1\,;y-4)$ et $\overrightarrow{AB}(4-1\,;8-4)=(3\,;4)$,

$$M(x\,;\,y)\in(AB) \Leftrightarrow \begin{vmatrix} x-1 & 3 \\ y-4 & 4 \end{vmatrix} = 0 \Leftrightarrow (x-1)\times 4-(y-4)\times 3=0$$

$$\Leftrightarrow 4x-3y+8=0.$$

Une équation cartésienne de (AB) est donc $4x-3y+8=0$.

• (EF) n'est pas parallèle à l'axe des ordonnées ($x_E \neq x_F$) et admet une équation de la forme $y=mx+p$ avec : $m=\dfrac{y_F-y_E}{x_F-x_E}=\dfrac{3-(-5)}{-3-1}=-2$

et $p=y_F-m\times x_F=3-(-2)\times(-3)=-3$.

L'équation réduite de (EF) est $y=-2x-3$.

2 Déterminer graphiquement une équation de droite

Déterminer graphiquement une équation de chacune des droites d_1, d_2 et d_3.

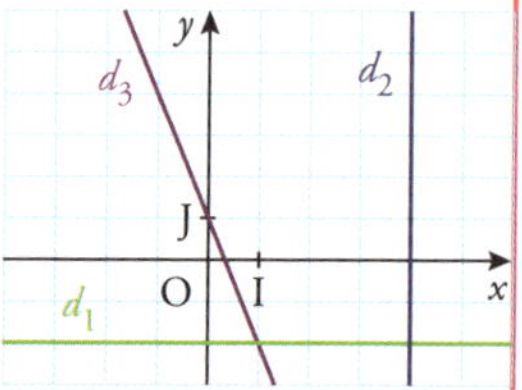

Conseils

Justifiez le type de l'équation de la droite étudiée.

SOLUTION

• $d_2//(Oy)$ et les points de d_2 ont pour abscisse 4. Ainsi, $d_2 : x=4$.

• d_1 et d_3 ne sont pas parallèles à (Oy). Elles admettent alors chacune une équation de la forme $y=mx+p$.

d_1 est parallèle à (Ox), donc $m=0$, et tous les points de d_1 ont pour ordonnée −2 d'où $p=-2$. Ainsi, $d_1 : y=-2$.

d_3 passe par le point J(0;1), donc $p=y_J=1$. À partir des points J et A(1;−2) sur la droite d_3, on calcule la pente m : $\dfrac{(-2)-1}{1-0}=\dfrac{-3}{1}=-3$. Ainsi, $d_3 : y=-3x+1$.

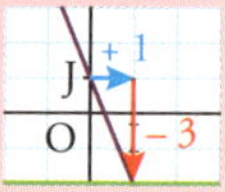

Étudier la position relative de deux droites

35

☐ OK

Le plan est muni d'un repère orthonormé.

I Parallélisme de droites et équations cartésiennes

Deux droites d'équations cartésiennes respectives $ax + by + c = 0$ et $a'x + b'y + c' = 0$ sont parallèles si et seulement si leurs vecteurs directeurs respectifs $\vec{u}(-b\,;a)$ et $\vec{v}(-b'\,;a')$ sont colinéaires, ce qui équivaut à $\det(\vec{u}, \vec{v}) = ab' - a'b = 0$.

Exemple : Les droites $d_1 : 3x - 4y + 5 = 0$ et $d_2 : 2x + 5y - 9 = 0$ sont sécantes car $ab' - a'b = 3 \times 5 - 2 \times (-4) = 23 \neq 0$.

II Droites non parallèles à l'axe des ordonnées

- Deux droites d'équations respectives $y = m_1x + p_1$ et $y = m_2x + p_2$ sont sécantes si et seulement si $m_1 \neq m_2$.

Remarque : Le point d'intersection de ces droites est le point dont les coordonnées vérifient simultanément les deux équations.

- Deux droites d'équations respectives $y = m_1x + p_1$ et $y = m_2x + p_2$ sont parallèles si et seulement si $m_1 = m_2$.

Remarque : Si de plus, $p_1 = p_2$, les droites ont la même équation et sont ainsi confondues. Sinon, elles sont strictement parallèles.

Méthodes

1 Déterminer une équation de droite sous contrainte

Déterminer une équation cartésienne de la droite $\mathscr{D}_1$, parallèle à la droite $\mathscr{D}_2$ d'équation $4x + 2y + 3 = 0$, et qui passe par le point A(7 ; – 24).

Conseils

Un point appartient à une droite si et seulement si ses coordonnées en vérifient une équation.

SOLUTION

Comme $\mathscr{D}_1$ et $\mathscr{D}_2$ sont parallèles, $\vec{u}(-2\,;4)$ vecteur directeur de $\mathscr{D}_2$ est aussi un vecteur directeur de $\mathscr{D}_1$. Une équation cartésienne de $\mathscr{D}_1$ est ainsi $4x + 2y + c = 0$ où c est un réel à déterminer. Or $A \in \mathscr{D}_1$, donc :
$4x_A + 2y_A + c = 0 \Leftrightarrow 4 \times 7 + 2 \times (-24) + c = 0 \Leftrightarrow c = 20$.

Une équation cartésienne de $\mathscr{D}_1$ est donc $4x + 2y + 20 = 0$.

2 Déterminer les coordonnées d'un point d'intersection

Soient $\mathcal{D}_3 : 3x - 5y + 1 = 0$ et $\mathcal{D}_4 : x + 2y + 5 = 0$. Justifier que $\mathcal{D}_3$ et $\mathcal{D}_4$ sont sécantes et déterminer les coordonnées du point d'intersection.

Conseils

Traduisez l'appartenance du point d'intersection à $\mathcal{D}_3$ et $\mathcal{D}_4$ par un système de deux équations à deux inconnues à résoudre.

SOLUTION

$\mathcal{D}_3 : ax + by + c = 0$ avec $a = 3$ et $b = -5$ et $\mathcal{D}_4 : a'x + b'y + c' = 0$ avec $a' = 1$ et $b' = 2$.

$ab' - a'b = 3 \times 2 - 1 \times (-5) = 11 \neq 0$ donc $\mathcal{D}_3$ et $\mathcal{D}_4$ sont sécantes en un point que l'on note K. Comme $K \in \mathcal{D}_3$ et $K \in \mathcal{D}_4$, les coordonnées de K vérifient simultanément les équations cartésiennes des deux droites $\mathcal{D}_3$ et $\mathcal{D}_4$. Or :

$$\begin{cases} 3x_K - 5y_K + 1 = 0 \\ x_K + 2y_K + 5 = 0 \end{cases} \Leftrightarrow \begin{cases} 3 \times (-2y_K - 5) - 5y_K + 1 = 0 \\ x_K = -2y_K - 5 \end{cases}$$

$$\Leftrightarrow \begin{cases} -11y_K - 14 = 0 \\ x_K = -2y_K - 5 \end{cases} \Leftrightarrow \begin{cases} y_K = -\dfrac{14}{11} \\ x_K = -2 \times \left(-\dfrac{14}{11}\right) - 5 = -\dfrac{27}{11} \end{cases}$$

Le point K a ainsi pour coordonnées $\left(-\dfrac{27}{11} ; -\dfrac{14}{11}\right)$.

3 Démontrer que des droites sont parallèles

Soient A(− 2 ; 3), B(1 ; 5), C(− 1 ; − 2) et D(8 ; 4). Démontrer que les droites (AB) et (CD) sont parallèles.

Conseils

Déterminez le coefficient directeur de chaque droite. Concluez.

SOLUTION

Comme $x_A \neq x_B$ et $x_C \neq x_D$, (AB) et (CD) ne sont pas parallèles à l'axe des ordonnées. Elles admettent alors chacune une équation de la forme $y = mx + p$. Leurs coefficients directeurs sont respectivement :

$m_{(AB)} = \dfrac{y_B - y_A}{x_B - x_A} = \dfrac{5-3}{1-(-2)} = \dfrac{2}{3}$ et

$m_{(CD)} = \dfrac{y_D - y_C}{x_D - x_C} = \dfrac{4-(-2)}{8-(-1)} = \dfrac{6}{9} = \dfrac{2}{3}$.

Comme $m_{(AB)} = m_{(CD)}$, les droites (AB) et (CD) sont parallèles.

☐ OK

Méthodes

1 Établir l'alignement ou non de trois points

On considère la fonction mystere où x_A, x_B, x_C, y_A, y_B et y_C sont des nombres réels.

1. Qu'affiche cette fonction si l'on choisit $x_A = 4$, $x_B = 1$, $x_C = 10$, $y_A = 3$, $y_B = 6$ et $y_C = 5$ comme valeurs des arguments ?

2. Quel est le rôle de cette fonction ?

```
Fonction mystere(xA,xB, xC,yA,yB, yC)
  Si xA = xB
    Alors Si xA = xC
          Alors renvoyer « vrai »
          Sinon renvoyer « faux »
         FinSi
    Sinon m ← (yB − yA)/(xB − xA)
         p ← yA − m × xA
         Si m × xC + p = yC
          Alors renvoyer « vrai »
          Sinon renvoyer « faux »
         FinSi
  FinSi
```

Conseils

Toute droite parallèle à (O*y*) admet une équation de la forme $x = k$ et toute droite non parallèle à (O*y*) une équation réduite $y = mx + p$. De plus, un point appartient à une droite si et seulement si ses coordonnées en vérifient une équation.

SOLUTION

1. Comme $x_A \neq x_B$, la condition du Si n'est pas vérifiée et l'instruction du Sinon s'exécute : m prend la valeur $\frac{6-3}{1-4} = \frac{3}{-3} = -1$ et p prend la valeur $3 - (-1) \times 4 = 7$.
Comme $m \times x_C + p = -1 \times 10 + 7 = -3$ est différent de $y_C = 5$, la condition du Si n'est pas vérifiée, le Sinon s'exécute et la fonction renvoie « faux ».

2. • Si $x_A = x_B$, alors (AB) est parallèle à l'axe des ordonnées et admet une équation de la forme $x = k$ ($k = x_A = x_B$). Alors, si $x_A = x_C$ les coordonnées de C vérifient une équation de (AB) et il est renvoyé « vrai » ; sinon il est renvoyé « faux ».
• Sinon ($x_A \neq x_B$), (AB) n'est pas parallèle à l'axe des ordonnées et admet pour équation réduite $y = mx + p$ avec $m = \frac{y_B - y_A}{x_B - x_A}$ et

$p = y_A - m \times x_A$. Alors, si $m \times x_C + p = y_C$ les coordonnées de C vérifient l'équation réduite de (AB) et il est renvoyé « vrai » ; sinon il est renvoyé « faux ».
Cette fonction permet donc d'établir si les points A, B et C sont alignés (elle renvoie vrai s'ils le sont, faux sinon).

2 Déterminer une équation cartésienne de droite

1. Compléter la fonction equationcartesienne afin qu'elle renvoie les coefficients a, b et c d'une équation cartésienne de la forme $ax + by + c = 0$ de la droite (AB), où les abscisses x_A, x_B, et ordonnées y_A, y_B des points A et B respectivement sont données.

Conseils
Exploitez le lien entre équation cartésienne et vecteur directeur d'une droite.

```
Fonction equationcartesienne(x_A, y_A, x_B, y_B)
    b = –(...........)
    a = ...........
    c = ...........
    renvoyer a, b et c
```

2. Traduire la fonction précédente en Python.

SOLUTION

1. • Le vecteur $\overrightarrow{AB}$ est naturellement un vecteur directeur de (AB) : $\overrightarrow{AB}(x_B - x_A\,;y_B - y_A)$.
En posant $-b = x_B - x_A$ et $a = y_B - y_A$, (AB) a pour équation cartésienne $ax + by + c = 0$ où c est un réel à déterminer.
Il faut donc écrire dans la fonction : $b = -(x_B - x_A)$ et $a = y_B - y_A$.
• La détermination de c se fait en exploitant le fait que A (ou B) appartient à (AB). Les coordonnées de A (ou B) vérifient en effet l'équation $ax + by + c = 0$. Ainsi, en utilisant par exemple le point A, $ax_A + by_A + c = 0$ soit $c = -(ax_A + by_A)$.
Il faut donc écrire dans la fonction : $c = -(ax_A + by_A)$.

2.
```python
def equationcartesienne(x_A,y_A,x_B,y_B) :
    # x_A est l'abscisse du point A
    # y_A est l'ordonnée du point A
    # x_B est l'abscisse du point B
    # y_B est l'abscisse du point B
    b= -(x_B-x_A)
    a=y_B-y_A
    c= -(a*x_A+b*y_A)
    return(a,b,c)
```

Quiz EXPRESS

Avez-vous bien révisé les fiches 33 à 36 ? On vérifie !

37

Droites

Le plan est muni d'un repère orthonormé (O, I, J).

1 Vecteurs colinéaires

FICHE 33

La valeur du réel x pour laquelle les vecteurs $\vec{u}(3\,;5)$ et $\vec{v}(x\,;-9)$ sont colinéaires est :

☐ **a.** -3 ☐ **b.** $-5,4$ ☐ **c.** $5,4$

2 Équations de droites

FICHES 33 ET 34

1. La droite d_1, parallèle à la droite (OJ) passant par le point A(– 4 ; 1) a pour équation :

☐ **a.** $x = -4$ ☐ **b.** $y = 1$ ☐ **c.** $y = -4x + 1$

2. La droite d_2 passant par les points B(1 ; 4) et C(3 ; 2) a pour équation réduite :

☐ **a.** $y = x + 3$ ☐ **b.** $y = -x + 5$ ☐ **c.** $y = -2x + 8$

3. Le point D(-5 ; 6) appartient à la droite d'équation :

☐ **a.** $x = 6$ ☐ **b.** $y = 2x - 4$ ☐ **c.** $6x + 7y - 12 = 0$

3 Parallélisme et intersection de droites

FICHE 35

1. Les droites $d_3 : y = -7x + 5$ et $d_4 : y = 5x - 7$ sont :

☐ **a.** confondues ☐ **b.** strictement parallèles ☐ **c.** sécantes

2. La droite d_5 parallèle à la droite $d_6 : 2x + 3y - 4 = 0$ et passant par le point E(2 ; 5) a pour équation :

☐ **a.** $2x + 3y - 19 = 0$

☐ **b.** $2x + 3y - 5 = 0$

☐ **c.** $2x + 3y - 15 = 0$

3. Les droites $d_7 : y = 5x + 11$ et $d_8 : y = 7x - 1$ sont sécantes au point :

☐ **a.** F(5 ; 36) ☐ **b.** F(6 ; 41) ☐ **c.** F(7 ; 48)

CORRIGÉS

1 Vecteurs colinéaires

Réponse b.

$\vec{u}(3\ ;5)$ et $\vec{v}(x\ ;-9)$ sont colinéaires $\Leftrightarrow \det(\vec{u}, \vec{v}) = 0$.

$\det(\vec{u}, \vec{v}) = 0 \Leftrightarrow 3 \times (-9) - 5 \times x = 0 \Leftrightarrow -27 - 5x = 0$

$$\Leftrightarrow x = -\frac{27}{5} = -5{,}4.$$

2 Équations de droites

1. Réponse a.

d_1 étant parallèle à (OJ) et passant par A, tous les points de d_1 ont même abscisse que le point A, à savoir -4.

2. Réponse b.

$x_B \neq x_C$ donc d_2 admet une équation de la forme $y = mx + p$:

$m = \dfrac{y_B - y_C}{x_B - x_C} = \dfrac{4-2}{1-3} = -1$ et $p = y_B - m \times x_B = 4 - (-1) \times 1 = 5$.

3. Réponse c.

$6 \times x_D + 7 \times y_D - 12 = 6 \times (-5) + 7 \times 6 - 12 = 0$.

3 Parallélisme et intersection de droites

1. Réponse c.

d_3 a pour coefficient directeur -7. d_4 a pour coefficient directeur 5. Comme $-7 \neq 5$, d_3 et d_4 sont sécantes.

2. Réponse a.

d_5 admet une équation de la forme $ax + by + c = 0$. d_5 et d_6 étant parallèles, $d_5 : 2x + 3y + c = 0$ où c est un réel à déterminer.
$E \in d_5$, donc $2x_E + 3y_E + c = 0 \Leftrightarrow 2 \times 2 + 3 \times 5 + c = 0 \Leftrightarrow c = -19$.

3. Réponse b.

F appartient à d_7 et d_8 si et seulement si $y_F = 5x_F + 11$ et $y_F = 7x_F - 1$. Or,

$$\begin{cases} y_F = 5x_F + 11 \\ y_F = 7x_F - 1 \end{cases} \Leftrightarrow \begin{cases} 7x_F - 1 = 5x_F + 11 \\ y_F = 7x_F - 1 \end{cases} \Leftrightarrow \begin{cases} 2x_F = 12 \\ y_F = 7x_F - 1 \end{cases}$$

$$\Leftrightarrow \begin{cases} x_F = 6 \\ y_F = 41 \end{cases}.$$

Déterminer et interpréter des indicateurs statistiques

38

☐ OK

I Moyenne pondérée et écart-type

- On considère la série statistique $x_1, x_2, \ldots, x_p$ de p valeurs, affectées des coefficients respectifs $n_1, n_2, \ldots, n_p$ non tous nuls.
- La **moyenne arithmétique** de cette série statistique est :

$$\overline{x} = \frac{n_1 \times x_1 + n_2 \times x_2 + \ldots + n_p \times x_p}{n_1 + n_2 + \ldots + n_p}$$

- Si l'on multiplie toutes les valeurs de cette série par un même nombre réel a, alors la moyenne de la série ainsi obtenue est : $a \times \overline{x}$.
- Si l'on ajoute à toutes les valeurs de cette série un même nombre réel b, alors la moyenne de la série ainsi obtenue est : $\overline{x} + b$.
- La **variance** de cette série est le nombre réel

$$V = \frac{\sum_{i=1}^{p} n_i \times (x_i - \overline{x})^2}{\sum_{i=1}^{p} n_i} = \frac{n_1 \times (x_1 - \overline{x})^2 + n_2 \times (x_2 - \overline{x})^2 + \ldots + n_p \times (x_p - \overline{x})^2}{n_1 + n_2 + \ldots + n_p}$$

- L'**écart-type** de cette série est le nombre réel $\sigma = \sqrt{V}$. Il mesure la **dispersion** autour de la moyenne.

II Quartiles et écart interquartile

- Le **premier quartile** d'une série statistique noté Q_1 est la plus petite valeur de la série telle qu'au moins 25 % des données de la série soient inférieures ou égales à Q_1.
- Le **troisième quartile** d'une série statistique noté Q_3 est la plus petite valeur de la série telle qu'au moins 75 % des données de la série soient inférieures ou égales à Q_3.
- L'**écart interquartile** d'une série statistique est le nombre réel $Q_3 - Q_1$. Il mesure la **dispersion** autour de la médiane.

Méthodes

1 Comparer des séries avec moyenne et écart-type

Lors d'une séance d'entraînement, deux biathlètes font 10 séries de 5 tirs. On compte, pour chaque série, le nombre de tirs réussis. Ci-dessous sont indiqués le nombre de séries où le biathlète a réussi le nombre de tirs indiqués.

Quel biathlète semble le plus régulier ?

Conseils

Comparez la moyenne et l'écart-type de chaque série.

	Tirs réussis	2	3	4	5
Biathlète 1	Nombre de séries	0	5	4	1
Biathlète 2	Nombre de séries	1	3	5	1

SOLUTION

Le nombre moyen de tirs réussis par série est :

- pour le biathlète 1 : $\overline{x_1} = \dfrac{0 \times 2 + 5 \times 3 + 4 \times 4 + 1 \times 5}{10} = \dfrac{36}{10} = 3{,}6$
- pour le biathlète 2 : $\overline{x_2} = \dfrac{1 \times 2 + 3 \times 3 + 5 \times 4 + 1 \times 5}{10} = \dfrac{36}{10} = 3{,}6$

L'écart-type est $\sigma_1 = \sqrt{0{,}44} \approx 0{,}66$ pour le biathlète 1 et $\sigma_2 = \sqrt{0{,}64} = 0{,}8$ pour le biathlète 2. Comme $\overline{x_1} = \overline{x_2}$ mais $\sigma_1 < \sigma_2$, le biathlète 1 semble plus régulier que le biathlète 2.

2 Calculer et interpréter des quartiles

On donne ci-dessous les tailles de 62 enfants de 9 ans.

Taille (en cm)	133	134	135	136	137	138	139	140
Effectif	7	8	15	13	8	7	3	1

Déterminer et interpréter les quartiles de cette série.

Conseils

Tenez compte des effectifs pour déterminer Q_1 et Q_3.

SOLUTION

- 25 % de 62 donnent 15,5.

Q_1 est donc la 16e donnée : $Q_1 = 135$.

Au moins 25 % des enfants mesurent au plus 135 cm.

- 75 % de 62 donnent 46,5. Q_3 est donc la 47e donnée : $Q_3 = 137$.

Au moins 75 % des enfants mesurent au plus 137 cm.

Analyser et interpréter des évolutions

39

☐ OK

I Évolution : variations absolue et relative

Une grandeur évolue d'une valeur initiale $V_i \neq 0$ à une valeur finale V_f.

- La **variation absolue** de V_i à V_f est la différence $d = V_f - V_i$.
- La **variation relative** de V_i à V_f est le quotient $t = \dfrac{V_f - V_i}{V_i}$.

t est aussi appelé le **taux d'évolution** de V_i à V_f.

- Le **coefficient multiplicateur** pour passer de V_i à V_f est $C_m = \dfrac{V_f}{V_i}$.

Exemple : Le prix du kWh de gaz d'un fournisseur est passé de 0,032 € au 1er avril 2018 à 0,042 € au 1er avril 2019. $d = 0{,}042 - 0{,}032 = 0{,}010$: le prix a subi une variation absolue (une augmentation ici) de 0,010 €.

$t = \dfrac{0{,}042 - 0{,}032}{0{,}032} = \dfrac{5}{16} = 0{,}3125$: le prix a subi une variation relative (une hausse ici) de 31,25 % ;

$C_m = \dfrac{0{,}042}{0{,}032} = 1{,}3125$: le prix a été multiplié par 1,3125.

> **À noter !**
> $t > 0$ est équivalent à $C_m > 1$, c'est une hausse.
> $t < 0$ est équivalent à $C_m < 1$, c'est une baisse.

- On a les relations suivantes : $C_m = 1 + t$ et $V_f = C_m \times V_i$.

II Évolutions successives

Une grandeur a subi deux évolutions successives de coefficients multiplicateurs C_{m_1} et C_{m_2}.

- Le **coefficient multiplicateur de l'évolution globale** est $C_{m_g} = C_{m_1} \times C_{m_2}$.
- Le **taux d'évolution global** est $t_g = C_{m_g} - 1$.

III Évolution réciproque

Une grandeur a subi une évolution de coefficient multiplicateur C_m.

Le **coefficient multiplicateur de l'évolution réciproque**, évolution par laquelle la grandeur reviendrait à sa valeur initiale est $C_{m_r} = \dfrac{1}{C_m}$.

Le **taux d'évolution réciproque** est $t_r = C_{m_r} - 1 = \dfrac{1}{C_m} - 1$.

Méthodes

1 Calculer un taux d'évolution global

Le prix d'un article a subi deux évolutions successives : une hausse de 15 % puis une baisse de 10 %. Calculer le taux d'évolution global, en pourcentage, du prix de cet article.

Conseils

Calculez le coefficient multiplicateur associé à la hausse et celui associé à la baisse. Déduisez-en le coefficient multiplicateur global, puis concluez.

SOLUTION

Le coefficient multiplicateur associé à la hausse est :

$C_{m_1} = 1 + \frac{15}{100} = 1{,}15.$

Le coefficient multiplicateur associé à la baisse est :

$C_{m_2} = 1 - \frac{10}{100} = 0{,}90.$

Le coefficient multiplicateur global est alors :

$C_{m_g} = C_{m_1} \times C_{m_2} = 1{,}15 \times 0{,}90 = 1{,}035.$

Ainsi, le taux d'évolution global est $t_g = C_{m_g} - 1 = 1{,}035 - 1 = 0{,}035$ soit une hausse globale de 3,5 %.

2 Calculer un taux d'évolution réciproque

Une action cotée en bourse a augmenté de 25 %. Déterminer le taux d'évolution réciproque en pourcentage et interpréter.

Conseils

Calculez le coefficient multiplicateur associé à la hausse. Déduisez-en le coefficient multiplicateur réciproque, puis concluez.

SOLUTION

Le coefficient multiplicateur associé à la hausse est : $C_m = 1 + \frac{25}{100} = 1{,}25.$

Le coefficient multiplicateur réciproque est alors : $C_{m_r} = \frac{1}{C_m} = \frac{1}{1{,}25} = 0{,}80.$

Ainsi, le taux de l'évolution réciproque est $t_r = C_{m_r} - 1 = 0{,}80 - 1 = -0{,}20.$ Il faudrait une baisse de 20 % pour que cette action retrouve sa cote initiale.

À noter !

Vérifiez la réponse. Par exemple, en choisissant un prix initial de 30 euros, on a $30 \times 1{,}25 = 37{,}5$.
En appliquant une baisse de 20 %, on a :
$37{,}5 \times (1 - 0{,}2) = 30.$

Méthodes

1 Calculer la moyenne d'une série statistique

Compléter la fonction moyenne écrite en Python ci-contre afin qu'elle renvoie la moyenne d'une série statistique donnée sous forme d'une liste.

```
def moyenne(L):
    somme=0
    for e in L:
        somme=......+e
    return ....../len(L)
```

Conseils

- La variable e désigne successivement chaque élément de la liste L.
- len(L) renvoie le nombre d'éléments d'une liste L.

SOLUTION

La variable somme doit contenir la somme de toutes les valeurs de la série statistique donnée ici sous forme d'une liste. La variable e désignant successivement chaque élément de cette liste, la première ligne à compléter est ainsi : `somme=somme+e`

La moyenne arithmétique d'une série statistique étant la somme de ses valeurs divisée par le nombre de valeurs, la deuxième ligne à compléter est : `return somme/len(L)`

2 Calculer l'écart-type d'une série statistique

On considère la fonction ecart en Python ci-contre qui a pour arguments une série statistique donnée sous forme d'une liste L et sa moyenne m. Compléter cette fonction afin qu'elle renvoie l'écart-type de cette série statistique.

```
import math
def ecart(L,m):
    somme=0
    for e in L:
        somme=somme+....
    return math.sqrt(somme/len(L))
```

Conseils

L'écart-type d'une série statistique est la racine carrée de la variance. La variance est, quant à elle, la moyenne des carrés des écarts à la moyenne de la série statistique.

SOLUTION

À la dernière ligne de cette fonction est renvoyé l'écart-type de la série statistique étudiée.

L'instruction math.sqrt désignant la racine carrée et l'instruction len(L) le nombre d'éléments de la liste L, la variable somme doit contenir la somme des carrés des écarts à la moyenne de la série statistique.

La variable e prenant successivement chaque valeur de la série et la moyenne de cette série étant contenue dans la variable m, la ligne à compléter est :

```
somme=somme+(e-m)**2
```

3 Déterminer la proportion d'éléments appartenant à un intervalle

On considère la fonction en Python ci-dessous qui a pour arguments une série statistique donnée sous forme d'une liste L, sa moyenne m et son écart-type s. Que renvoie cette fonction ?

```
import math
def proportion(L,m,s):
    n=0
    for e in L:
        if abs(e-m)<=2*s:
            n=n+1
    return n/len(L)
```

Conseils

L'instruction abs renvoie la valeur absolue de son argument.

SOLUTION

À la fin de l'exécution de la boucle bornée for, la variable n initialisée à zéro contient le nombre d'éléments de la liste L qui vérifient $|e - m| \leqslant 2s$, c'est-à-dire qui appartiennent à l'intervalle $[m - 2s ; m + 2s]$.

L'instruction len(L) désignant le nombre d'éléments de la liste L, cette fonction renvoie la proportion des données de la série statistique étudiée qui appartiennent à l'intervalle $[m - 2s ; m + 2s]$.

▶ FICHE 7

Quiz EXPRESS 41

Avez-vous bien révisé les fiches 38 à 40 ? On vérifie !

Statistiques et information chiffrée

1 Indicateurs statistiques

FICHE 38

Voici les résultats à un test national des élèves de Seconde d'un lycée.

Note sur 10	0	1	2	3	4	5	6	7	8	9	10
Nombre d'élèves	5	8	22	48	84	117	98	27	10	5	3

1. La moyenne $\overline{x}$ de cette série de notes, arrondie à 10^{-1}, est :

☐ **a.** 3,8 ☐ **b.** 4,8 ☐ **c.** 5,8

2. L'écart-type s de cette série de notes, arrondi à 10^{-2}, est :

☐ **a.** 1,45 ☐ **b.** 1,55 ☐ **c.** 1,65

3. La proportion d'élèves qui ont une note comprise entre $\overline{x} - 2s$ et $\overline{x} + 2s$ vaut environ :

☐ **a.** 75 % ☐ **b.** 85 % ☐ **c.** 95 %

4. L'écart interquartile de cette série de notes est :

☐ **a.** 1 ☐ **b.** 2 ☐ **c.** 3

2 Taux d'évolution et pourcentages

FICHE 39

1. Un article a subi une hausse de 10 % puis une baisse de 10 %. Son prix :

☐ **a.** a subi une baisse de 1 %.

☐ **b.** n'a subi aucune évolution.

☐ **c.** a subi une hausse de 1 %.

2. Dans une ville, le prix au m^2 pour un bien immobilier donné a subi une baisse de 21,875 %. Pour retrouver sa valeur initiale, il faudrait une hausse de :

☐ **a.** 22 %

☐ **b.** 25 %

☐ **c.** 28 %

CORRIGÉS

1 Indicateurs statistiques

1. Réponse b.

$\overline{x} = \dfrac{2\,049}{427} \approx 4{,}8.$

2. Réponse c.

CASIO Graph 75	TI 83plus.fr
1-Variable $\overline{x}$ =4.79859484 Σx =2049 Σx^2 =10993 σx =1.64870196 sx =1.65063592 n =427 ↓	Stats 1-Var $\overline{x}$=4.798594848 Σx=2049 Σx^2=10993 Sx=1.650635926 σx=1.648701964 ↓n=427

3. Réponse c.

$\left[\overline{x} - 2s\,;\overline{x} + 2s\right] \approx \left[1{,}5\,;8{,}1\right]$. La proportion demandée est donc le rapport entre le nombre d'élèves qui ont une note comprise entre 2 et 8 (soit 406) et le nombre d'élèves total (427) : $\dfrac{406}{427} \approx 0{,}95$, soit environ 95 %.

4. Réponse b.

25 % de 427 correspond à 106,75 : Q_1 est la 107e donnée.
75 % de 427 correspond à 320,25 ; Q_3 est la 321e donnée.
$Q_3 - Q_1 = 6 - 4.$

2 Taux d'évolution et pourcentages

1. Réponse a.

$C_{m_1} = 1 + \dfrac{10}{100} = 1{,}10\,;\, C_{m_2} = 1 - \dfrac{10}{100} = 0{,}90$ et

$C_{m_g} = C_{m_1} \times C_{m_2} = 1{,}10 \times 0{,}90 = 0{,}99.$

Le taux d'évolution global est $t_g = C_{m_g} - 1 = 0{,}99 - 1 = -0{,}01.$

2. Réponse c.

$C_m = 1 - \dfrac{21{,}875}{100} = 0{,}78125$ et $C_{m_r} = \dfrac{1}{C_m} = \dfrac{1}{0{,}78125} = 1{,}28.$

Le taux d'évolution réciproque est $t_r = C_{m_r} - 1 = 1{,}28 - 1 = 0{,}28.$

Modéliser une expérience aléatoire

42

☐ OK

I Expérience aléatoire

- Une **expérience aléatoire** est une expérience pour laquelle plusieurs résultats sont possibles mais dont on ne peut pas dire à l'avance lequel sera réalisé.
- Les résultats possibles d'une expérience aléatoire sont appelés **issues**. L'ensemble de ces issues constitue l'**univers** Ω (lire « oméga ») de cette expérience.

II Modélisation

- **Modéliser** une expérience aléatoire consiste à associer à chaque issue de cette expérience un réel positif appelé probabilité tel que **la somme de toutes ces probabilités soit égale à un**.
- La donnée des issues d'une expérience aléatoire et des probabilités correspondantes est appelée **loi de probabilité**.

Cas particulier : Si, pour une expérience aléatoire, toutes les issues ont la même probabilité de se réaliser, alors on est dans une situation dite d'**équiprobabilité**. Dans ce cas, si l'univers est constitué de n issues, la probabilité de chaque issue est égale à $\frac{1}{n}$.

- En réalisant un grand nombre de fois une expérience aléatoire de manière identique et indépendante, la fréquence observée de chaque issue a tendance à se stabiliser autour de la probabilité que cette issue se réalise. Cette observation de la stabilisation des fréquences observées est appelée **loi des grands nombres**.

Méthodes

1 Modéliser une expérience à l'aide d'un arbre

On lance deux fois de suite une pièce de monnaie non truquée et on s'intéresse aux résultats obtenus sur la face supérieure. Déterminer la probabilité de chaque issue de cette expérience aléatoire.

Conseils

Déterminez au préalable l'univers à l'aide d'un arbre de choix.

SOLUTION

En désignant par F le côté face et P le côté pile, on peut schématiser cette expérience à l'aide de l'arbre ci-contre.

Son univers Ω est alors : {(F ; F), (F ; P), (P ; F), (P ; P)}. Comme la pièce est non truquée, implicitement équilibrée, on est dans une situation d'équiprobabilité. L'univers étant constitué de quatre issues, la probabilité correspondante à chaque issue est égale à un quart.

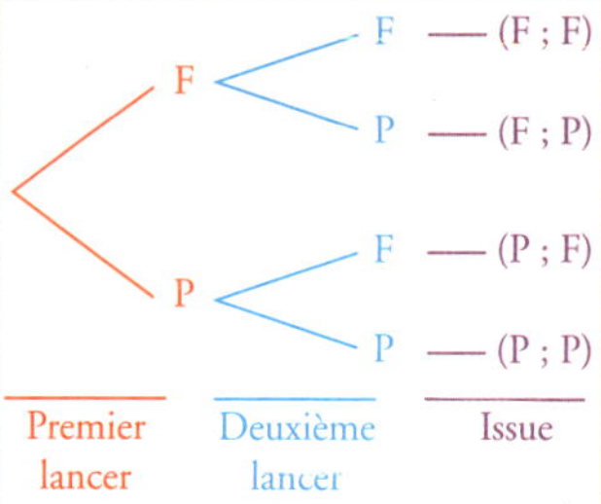

À noter !

Chaque issue est un couple : (résultat obtenu au 1er lancer ; résultat obtenu au 2e lancer).

2 Modéliser une expérience à l'aide de fréquences

Enzo, Simon et Timothée jouent au célèbre jeu « pile ou face ». Après plusieurs parties, Enzo doute de la pièce utilisée. Les trois garçons lancent alors cette pièce deux cents fois. L'évolution de la fréquence d'apparition du côté pile est représentée ci-contre.

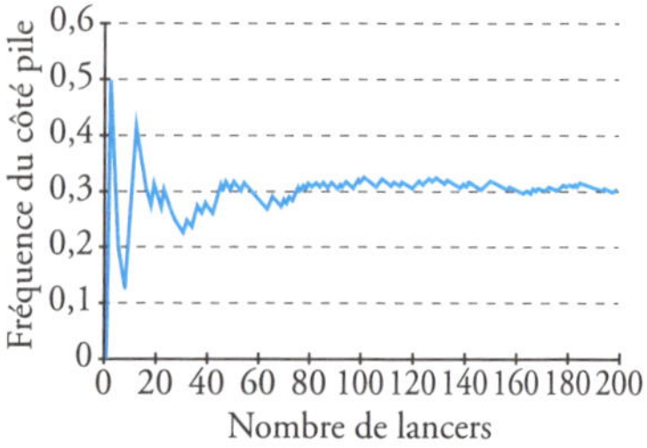

Proposer un modèle probabiliste du lancer de cette pièce.

Conseils

Pensez à la loi des grands nombres.

SOLUTION

Au fur et à mesure des lancers, la fréquence d'apparition du côté pile tend à se stabiliser à 0,3 donc celle du côté face à 0,7. Par la loi des grands nombres, on peut ainsi proposer le modèle probabiliste suivant qui justifie les doutes d'Enzo :

Issue	Pile	Face
Probabilité	0,3	0,7

Déterminer la probabilité d'un événement

43

☐ OK

On considère une expérience aléatoire d'univers Ω.

I Notion d'événement

- Un événement de cette expérience aléatoire est un sous-ensemble de l'univers Ω. Il peut être constitué d'aucune, d'une ou de plusieurs issues.
- Un événement constitué d'aucune issue est dit impossible. Il se note $\varnothing$.
- Un événement constitué d'une seule issue est dit élémentaire.
- Un événement constitué de toutes les issues est dit certain. Un tel événement correspond à l'univers Ω.

II Probabilité d'un événement

- La probabilité d'un événement est la somme des probabilités des issues qui le constituent.
- La probabilité d'un événement impossible est nulle : $P(\varnothing) = 0$
- La probabilité d'un événement certain est égale à un : $P(\Omega) = 1$
- La probabilité d'un événement est comprise entre zéro et un.

Cas particulier : Si l'on est dans une situation d'équiprobabilité, alors la probabilité d'un événement est :

$$\frac{\text{nombre d'issues qui constituent l'événement}}{\text{nombre d'issues qui constituent l'univers}}$$

Méthodes

1 Déterminer la probabilité d'un événement dans une situation d'équiprobabilité

On choisit au hasard une carte dans un jeu classique de trente-deux cartes et on s'intéresse à la valeur (7, 8, 9, 10, valet, dame, roi, as) et à la couleur (cœur, carreau, pique, trèfle) de la carte. Déterminer la probabilité des événements T : « la carte est un trèfle », R : « la carte est un roi » et D : « la carte est une dame de couleur rouge ».

Conseils

Précisez les issues qui constituent chaque événement et prenez en compte l'équiprobabilité de la situation.

SOLUTION

• L'événement T est constitué de huit issues : 7, 8, 9, 10, valet, dame, roi et as, de trèfle.

L'événement R est constitué de quatre issues : roi de cœur, roi de carreau, roi de pique et roi de trèfle.

L'événement D est constitué de deux issues : dame de cœur et dame de carreau.

• L'univers de cette expérience aléatoire, choix d'une carte dans un jeu de 32 cartes, étant constitué de 32 issues équiprobables, on a :

$P(\text{T}) = \dfrac{8}{32} = \dfrac{1}{4}$, $P(\text{R}) = \dfrac{4}{32} = \dfrac{1}{8}$ et $P(\text{D}) = \dfrac{2}{32} = \dfrac{1}{16}$.

2 Déterminer la probabilité d'un événement dans une situation où il n'y a pas équiprobabilité

Après quelques parties endiablées de « 421 », Louis, Noé et Axel doutent d'un des trois dés utilisés. L'observation du chiffre obtenu sur la face supérieure de ce dé sur un grand nombre de lancers confirme leurs doutes. Elle les conduit, par la loi des grands nombres, à proposer le modèle suivant pour le lancer de ce dé :

Issue	1	2	3	4	5	6
Probabilité	...	0,05	0,35	0,10	0,20	0,275

On lance ce dé. Déterminer la probabilité d'obtenir le chiffre 1, puis celle des événements I : « le chiffre obtenu est impair » et T : « le chiffre obtenu est inférieur à trois ».

Conseils

Précisez les issues qui constituent chaque événement puis additionnez les probabilités de chacune de ces issues.

SOLUTION

• La somme des probabilités des issues étant égale à un, la probabilité d'obtenir le chiffre 1 est :

$1 - (0{,}05 + 0{,}35 + 0{,}10 + 0{,}20 + 0{,}275) = 0{,}025$.

• L'événement I étant constitué des issues 1, 3 et 5, on a :

$P(\text{I}) = P(\{1\}) + P(\{3\}) + P(\{5\}) = 0{,}025 + 0{,}35 + 0{,}20 = 0{,}575$.

• L'événement T étant constitué des issues 1 et 2, on a :

$P(\text{T}) = P(\{1\}) + P(\{2\}) = 0{,}025 + 0{,}05 = 0{,}075$.

Mener des calculs de probabilités

44

☐ OK

On considère A et B deux événements d'une même expérience aléatoire d'univers Ω.

I Intersection et réunion de deux événements

- L'événement $A \cap B$ (lire « A inter B »), **intersection** des événements A et B, est constitué des issues qui réalisent l'événement A **et** l'événement B (les deux à la fois).
- L'événement $A \cup B$ (lire « A union B »), **réunion** des événements A et B, est constitué des issues qui réalisent l'événement A ou l'événement B (au moins l'un des deux, c'est-à-dire l'un ou l'autre ou les deux).
- On a la **relation fondamentale** : $P(A \cup B) + P(A \cap B) = P(A) + P(B)$

II Événements incompatibles

- Si aucune issue ne réalise à la fois les événements A et B, ce qui se note $A \cap B = \varnothing$, alors ces événements sont dits **incompatibles**.
- Dans ce cas, on a la relation : $P(A \cup B) = P(A) + P(B)$

III Événement contraire

- L'événement $\overline{A}$ (lire « A barre »), événement **contraire** de l'événement A, est constitué des issues qui ne réalisent pas l'événement A.
- On a la relation : $P(A) + P(\overline{A}) = 1$

Méthodes

1 Déterminer une probabilité à l'aide du dénombrement

On choisit au hasard une carte dans un jeu classique de 32 cartes. On s'intéresse à sa valeur et à sa couleur. ▶ FICHE 43

Déterminer la probabilité des événements $T \cap A$ et $T \cup A$ où T désigne l'événement « la carte est un trèfle » et A « la carte est un as ».

Conseils

N'oubliez pas que l'on est dans une situation d'équiprobabilité.

SOLUTION

- L'événement $T \cap A$ est « la carte est un trèfle et un as », c'est-à-dire « la carte est l'as de trèfle ». Comme une seule issue constitue l'événement $T \cap A$, on a $P(T \cap A) = \frac{1}{32}$.
- L'événement $T \cup A$ est « la carte est un trèfle ou un as ». Or, dans un jeu, on a huit trèfles et quatre as. En ne comptant naturellement qu'une fois l'as de trèfle, on en déduit que 11 issues constituent l'événement $T \cup A$ et que $P(T \cup A) = \frac{11}{32}$.

2 Déterminer une probabilité à l'aide d'une relation

Dans une cité scolaire, 39 % des élèves font du sport, 47 % jouent d'un instrument de musique et 29 % ne pratiquent ni sport ni musique. On choisit au hasard un élève de cette cité et on désigne par S l'événement « l'élève fait du sport » et par M l'événement « l'élève joue d'un instrument de musique ».

En assimilant les fréquences aux probabilités, déterminer $P(S \cup M)$ et $P(S \cap M)$.

Conseils

Pensez à la notion d'événement contraire pour déterminer la première probabilité et utilisez la relation fondamentale pour la deuxième.

SOLUTION

- L'événement $S \cup M$ est réalisé si « l'élève fait uniquement du sport » ou « l'élève joue uniquement d'un instrument de musique » ou « l'élève pratique les deux ».

L'événement contraire de cet événement est ainsi « l'élève ne pratique ni sport ni musique » noté $\overline{S} \cap \overline{M}$. D'après l'énoncé, on sait que $P(\overline{S} \cap \overline{M}) = 0{,}29$.

Par suite, on a $P(S \cup M) = 1 - 0{,}29 = 0{,}71$.

- Par la relation fondamentale, on en déduit que :

$$\begin{aligned} P(S \cap M) &= P(S) + P(M) - P(S \cup M) \\ &= 0{,}39 + 0{,}47 - 0{,}71 \\ &= 0{,}15. \end{aligned}$$

La probabilité que l'élève pratique à la fois du sport et de la musique est alors de 0,15.

Réaliser et exploiter une simulation

45

☐ OK

I Échantillon

n désigne un entier naturel non nul.

Un **échantillon de taille *n*** est constitué des résultats de *n* réalisation(s) indépendante(s) de la même expérience aléatoire.

Exemples :

- On s'intéresse au lancer d'une pièce de monnaie. PFP et PPPFPFFFPP en sont respectivement des échantillons de taille 3 et de taille 10 où P désigne « Pile » et F désigne « Face ».
- Une expérience consiste à choisir une personne au hasard en France et à observer si cette dernière est gauchère. $G\overline{G}G\overline{G}GGG$ en est un échantillon de taille 7 où G désigne « la préférence manuelle de la personne est gauche » et $\overline{G}$ son contraire.

II Simuler une expérience

Simuler une expérience aléatoire consiste à générer des données selon une loi de probabilité prédéfinie. ▶ FICHE 42
Les simulations peuvent être réalisées sur ordinateur à l'aide de logiciels de calculs (tableur) ou de programmation (Python).

Exemples :

- Dans un tableur, « =ALEA.ENTRE.BORNES(1;6) » et, sous Python, « random.randint(1,6) » génèrent aléatoirement un nombre entier entre 1 et 6 selon une loi équirépartie. Ces fonctions simulent, par exemple, le lancer d'un dé équilibré dont les faces sont numérotées de 1 à 6.
- La fonction en Python ci-contre dont l'argument est un entier naturel non nul *n* simule un échantillon de *n* lancers d'un dé équilibré et renvoie le nombre d'apparition(s) de la face numérotée « 3 ».

```
import random
def simulation(n):
    succes=0
    for sim in range(n) :
        if random.randint(1,6)= =3:
            succes=succes+1
    return(succes)
```

À noter !

Sous Python, il faut écrire en début de programme « import random » ou « from random import * ».

Méthodes

1 Compléter et comprendre une simulation en Python

Le pourcentage de personnes gauchères dans la population française est égal à 12 %.

1. Compléter la fonction echantillon afin qu'elle renvoie la fréquence de personnes gauchères sur un échantillon simulé de *n* personnes, *n* étant un entier naturel non nul.

```
import random
def echantillon (n) :
    succes=0
    for echan in range(n) :
        if random.randint(1,100)<=12 :
            succes=succes+1
    return ...
```

2. On a saisi, de plus, dans la console les lignes ci-dessous. Que contient la variable nb à la fin de l'exécution du programme ?

```
import math
nb=0
for sim in range(1000) :
    if abs(0.12-echantillon(35))<1/math.sqrt(35) :
        nb=nb+1
```

Conseils

Identifiez la variable contenant l'effectif des personnes gauchères sur l'échantillon simulé et concluez. Notez que « abs » désigne la valeur absolue et math.sqrt la racine carrée.

SOLUTION

1. random.randint(1,100) génère aléatoirement un nombre entier entre 1 et 100. Si ce nombre est inférieur ou égal à 12, alors il correspond ici à une personne gauchère, compte tenu du pourcentage énoncé de personnes gauchères dans la population française. La fréquence étant égale à l'effectif (contenu dans la variable succes) divisé par l'effectif total (n), la dernière ligne de cette fonction en Python est :

```
return(succes/n)
```

2. La variable nb contient le nombre de simulations, sur les 1 000 effectuées, où l'écart entre le pourcentage théorique de personnes gauchères dans la population française (12 %, soit 0,12) et la fréquence observée sur un échantillon simulé de 35 personnes, est inférieur ou égal à $\frac{1}{\sqrt{35}}$.

Quiz EXPRESS 46

Avez-vous bien révisé les fiches 42 à 45 ? On vérifie !

Probabilités

1 Modélisation et probabilités

▶ FICHES 42 ET 43

On note p_1, p_2, p_3 et p_4 les probabilités d'apparition respectives des faces numérotées 1 à 4 lors du lancer d'un dé tétraédrique. On donne $p_4 = 2p_2 = 4p_1$ et $p_3 = 3p_1$.

1. La probabilité d'apparition de la face portant le chiffre 1 est :

☐ **a.** 0,1 ☐ **b.** 0,2 ☐ **c.** 0,25

2. La probabilité d'apparition d'une face portant un chiffre pair est :

☐ **a.** 0,25 ☐ **b.** 0,5 ☐ **c.** 0,6

2 Probabilité d'un événement

▶ FICHE 43

Lors du lancer d'un dé icosaédrique (20 faces numérotées de 1 à 20) équilibré, la probabilité d'apparition d'une face marquée d'un multiple de 3 est :

☐ **a.** 0,05 ☐ **b.** 0,15 ☐ **c.** 0,3

3 Probabilité de la réunion de deux événements

▶ FICHE 44

Dans le tableau de Caroll ci-contre, A et B sont deux événements d'une même expérience aléatoire. La probabilité de $A \cup B$ est :

☐ **a.** 0,2 ☐ **b.** 0,6 ☐ **c.** 0,8

	A	$\overline{A}$
B	0,2	0,1
$\overline{B}$	0,3	0,4

4 Probabilité de l'événement contraire

▶ FICHE 44

On considère deux événements E et F d'une même expérience aléatoire tels que $P(F) = 0{,}25$; $P(E \cap F) = 0{,}12$ et $P(E \cup F) = 0{,}51$.

La probabilité de l'événement $\overline{E}$ est égale à :

☐ **a.** 0,62 ☐ **b.** 0,49 ☐ **c.** 0,38

CORRIGÉS

1 Modélisation et probabilités

1. Réponse a.

$p_1 + p_2 + p_3 + p_4 = 1$ donne $p_1 + 2p_1 + 3p_1 + 4p_1 = 1$ soit $10p_1 = 1$.

2. Réponse c.

L'événement A : « obtenir un chiffre pair » est constitué des issues « obtenir 2 » et « obtenir 4 », soit A = {2 ; 4}. Comme la probabilité d'un événement est la somme des probabilités des issues qui le constituent, on obtient :

$$P(\text{A}) = p_2 + p_4 = 2 \times 0{,}1 + 4 \times 0{,}1 = 0{,}6.$$

2 Probabilité d'un événement

Réponse c.

L'univers est constitué de 20 issues. Le dé est supposé équilibré. On est dans une situation d'équiprobabilité.

L'événement « obtenir un multiple de 3 » est constitué des issues 3 ; 6 ; 9 ; 12 ; 15 et 18. L'événement considéré est donc constitué de 6 issues et la probabilité d'apparition d'un multiple de 3 lors du lancer de ce dé est donc $\frac{6}{20} = 0{,}3$.

3 Probabilité de la réunion de deux événements

Réponse b.

Par lecture du tableau :

$P(\text{A}) = P(\text{A} \cap \text{B}) + P(\text{A} \cap \overline{\text{B}}) = 0{,}2 + 0{,}3 = 0{,}5$ et

$P(\text{B}) = P(\text{B} \cap \text{A}) + P(\text{B} \cap \overline{\text{A}}) = 0{,}2 + 0{,}1 = 0{,}3$.

Ainsi $P(\text{A} \cup \text{B}) = P(\text{A}) + P(\text{B}) - P(\text{A} \cap \text{B}) = 0{,}5 + 0{,}3 - 0{,}2 = 0{,}6$.

4 Probabilité de l'événement contraire

Réponse a.

$P(\text{E} \cup \text{F}) + P(\text{E} \cap \text{F}) = P(\text{E}) + P(\text{F})$ équivaut à

$P(\text{E} \cup \text{F}) - P(\text{F}) + P(\text{E} \cap \text{F}) = P(\text{E})$.

Ainsi :

$P(\text{E}) = P(\text{E} \cup \text{F}) - P(\text{F}) + P(\text{E} \cap \text{F}) = 0{,}51 - 0{,}25 + 0{,}12 = 0{,}38$.

Finalement $P(\overline{\text{E}}) = 1 - P(\text{E}) = 1 - 0{,}38 = 0{,}62$.

Achevé d´imprimer en Espagne par Grafo à Basauri
Dépôt légal : n° 05267-3/02 - Août 2021